U1016997

黔南州暴雨冰雹天气分析

赵 杰 唐红忠 谢亚玲 等编著

气象出版社
China Meteorological Press

内容简介

本书主要研究黔南州的暴雨、冰雹灾害性天气。第一部分为暴雨，第二部分为冰雹，每个部分均按照以下顺序开展分析，首先是分析黔南州的降水、气温、暴雨、冰雹的气候变化特征，再对影响黔南州的暴雨个例天气特征、冰雹个例的雷达卫星参数进行分析，用以加深对黔南州暴雨、冰雹天气发生发展的理解，最后进行暴雨和冰雹的预报方法、指标研究，以期为黔南州暴雨、冰雹的预报提供一些依据。

本书对黔南州的暴雨和冰雹灾害性天气预报有指导意义，也可以给贵州省及其他地(市、州)的灾害性天气预报提供参考。

图书在版编目（CIP）数据

黔南州暴雨冰雹天气分析 / 赵杰等编著. -- 北京 : 气象出版社, 2024. 7. -- ISBN 978-7-5029-8241-6

Ⅰ. P458.1

中国国家版本馆 CIP 数据核字第 20245KT341 号

Qiannan Zhou Baoyu Bingbao Tianqi Fenxi

黔南州暴雨冰雹天气分析

赵 杰 唐红忠 谢亚玲 等 编著

出版发行：气象出版社

地 址：北京市海淀区中关村南大街 46 号 邮政编码：100081

电 话：010-68407112(总编室) 010-68408042(发行部)

网 址：http://www.qxcbs.com E-mail：qxcbs@cma.gov.cn

责任编辑：邵 华 宋 祎 终 审：张 斌

责任校对：张硕杰 责任技编：赵相宁

封面设计：楠竹文化

印 刷：北京中石油彩色印刷有限责任公司

开 本：787 mm×1092 mm 1/16 印 张：6.75

字 数：179 千字 彩 插：2

版 次：2024 年 7 月第 1 版 印 次：2024 年 7 月第 1 次印刷

定 价：39.00 元

本书如存在文字不清、漏印以及缺页、倒页、脱页等，请与本社发行部联系调换。

编委会

主　任：赵　杰

副主任：唐红忠　谢亚玲　罗喜平　罗　雄

编　委：莫乙冬　高红梅　黄麟媛　陈　杨

潘启学　苟　杨　邱　华　黄桂东

王兴菊　白　慧　周文钰　张小娟

杨胜忠　崔　蕾　唐辟如　高　涛

黄宝佳

前 言

气候变化会导致环境条件、资源条件发生变化，也将直接影响到自然生态，并对经济社会发展带来影响。气候变化呈现出水、热特征变化，会直接影响到农业生产布局、农作物生长发育进程、产量高低等。黔南州位于贵州省南部，是青藏高原东南部向广西丘陵过渡的斜坡地带，属喀斯特地貌，海拔差异大，海拔高低差达到了 1719 m，地形地势复杂，天气变化异常，近年来极端天气气候事件发生的频次和强度在不断增加，比如 2008 年低温凝冻天气、2020 年 5 月极端高温天气、2020 年 9 月持续 20 d 以上的连阴雨天气、2022 年 5 月 29 日惠水县高镇小时降水量突破贵州省最大小时降水量历史纪录、2022 年下半年至 2023 年持续干旱等。

暴雨、冰雹是黔南州常见的灾害性天气，其发生发展需要合适的水汽、能量、气团抬升触发条件，加上黔南州复杂的山地地形地貌，很多中小尺度天气系统生成发展，导致黔南州暴雨、冰雹的预警预报难度成倍地增加。为了提高暴雨、冰雹的预警预报准确率，提高预警时间的提前量，黔南州气象局成立了暴雨、冰雹两个研究团队，分别由谢亚玲、赵杰领衔，在贵州省气象局正高级工程师罗喜平、白慧，安顺市气象局高级工程师王兴菊等专家指导下，对黔南州冰雹监测预警技术和黔南州地形对暴雨的影响开展研究。随着工作的开展，两个团队取得了一些成果，本书的编撰将对两个团队取得的成果进行汇总整编，对黔南州暴雨和冰雹的监测预警具有一定的指导意义，同时其中的方法对于其他地区也具有一定的适用性。

本书主要分析了黔南州的暴雨、冰雹灾害性天气，第一部分为暴雨，首先分析了黔南州的降水、气温、暴雨的气候变化特征，主要由高红梅、唐红忠等撰写，然后选用多个影响黔南州的暴雨天气个例进行分析，用以加深对黔南州暴雨天气发生发展的理解，主要由赵杰、唐红忠等撰写，最后对黔南的分级降水订正预报做出探索，主要由赵杰编写。第二部分为冰雹，首先是冰雹特征分析，该部分主要由罗雄、罗喜平等撰写，然后对黔南州大冰雹个例的雷达卫星特征进行分析，主要由罗喜平、赵杰等撰写。最后对冰雹天气的物理量、雷达、卫星等分析提炼预报指标，以期对黔南州冰雹的预报预警提供一些依据，该部分主要由赵杰、罗雄等撰写。

本书由贵州省气象局 2022 年省市联合科研基金（QHLSSLJ〔2022〕-08）：黔南冰雹监测预警技术研究和贵州省气象局 2023 年省市联合科研基金（黔气科合 SS〔2023〕36 号）：黔南州地形对暴雨影响的指标及模型研究共同资助。

由于气候的变化，本书中的预警预报指标等可能会随着年代的变化而改变，后续还需继续开展相关的订正检验工作。由于作者的水平有限，书中可能存在一些有待进一步研究的内容，期望读者不吝赐教，以便及时订正。

作 者

2024 年 6 月

目　录

第一部分　暴　雨

暴雨概述

黔南州位于青藏高原东南部山麓向广西北部丘陵过渡的斜坡地带，是典型的喀斯特地貌。境内地形呈现南北长条形，黔南州北部海拔高，逐渐向黔南州南部降低，海拔最高处位于黔南州府所在地都匀市西北部的斗篷山，最高处海拔 1961 m，最低点位于黔南州南部罗甸县，在红水河与曹渡河交汇处，海拔 242 m。黔南州内主要山脉为准东西向的斗篷山及瓮安县花竹山、福泉市黄龙山、惠水县龙塘山、荔波县月亮山。斗篷山山脉位于长顺县、惠水县、都匀市、三都县一线，因其海拔较高，是影响黔南州天气系统移动的主要屏障。冬季，向南移动的冷空气受到山脉阻挡，在黔南州北部堆积，导致黔南州北部地区气温低于南部地区，3 月之后随着南风的盛行，偏南气流在向北移动过程中，受到山脉的阻挡，在山脉的迎风坡易出现强降水。根据多年的暴雨统计，山脉迎风坡的长顺县、都匀市、三都县是黔南州的暴雨中心。黔南州内主要的水系是长江、柳江、珠江、乌江 4 个水系，主要的河流是惠水县涟江、三都县都柳江、都匀市剑江河、平塘县苗二河、罗甸县红水河、荔波县樟江，由于这些河流流经市区和县城，是城镇人口密集区，每年都有不同程度的暴雨洪涝灾害发生。

由于黔南州山脉河流众多，加上山体高大，在合适的天气尺度系统背景下，易诱发局地影响的中小尺度天气系统，导致黔南州每一次暴雨落区和量级各不相同，是本地降水天气预报工作中的一个难点。黔南州境内局地强降水具有突发性强、灾害重、夜间降水特征明显等特点，易造成山洪、塌方、滑坡、泥石流等自然灾害，给社会经济和人民生命财产安全带来巨大损害。

本部分主要分析讨论以下内容：①黔南州气温、降水和暴雨的气候特征分析，降水分不同季节、不同农时（春播、夏种、秋种）、不同区域（北部、西部和东部）等来分析其气候变化特征，分析暴雨的年变化、月变化、空间分布等特征。②从省、州、县 3 个层次分析暴雨个例，对其环境场、物理量、中小尺度天气系统等进行分析，并结合降水带来的地质灾害进行分析。③利用机器学习，采用卷积神经网络技术对欧洲中期天气预报中心（ECMWF）模式黔南州分级降水预报进行订正。通过上述内容的分析与讨论，对黔南州暴雨的气候概况、发生的环境场条件、物理量条件、影响的中小天气系统有所了解，分析降水产生的地质灾害，以期对黔南州强降水引发的地质灾害的预警预报有所帮助。

黔南州气温、降水及暴雨气候特征

高红梅　唐红忠　赵　杰　苟　杨　黄桂东　邱　华
(黔南州气象局,都匀,558000)

摘　要:利用黔南州 1962—2023 年以来的气温降水数据分析气候变化,1962—2023 年 62 a 的暴雨日数分析暴雨气候特征,发现黔南州气温呈现上升趋势,降水量呈减少趋势;春季降水总体平稳略有增加,夏季、冬季降水增加较为明显,秋季降水明显减少;黔南州北部降水相比黔南州中南部地区偏多。62 a 间黔南州暴雨日数呈现微弱的增加趋势,气候倾向率 0.8 $d \cdot (10a)^{-1}$;暴雨多出现在 5—7 月,尤以 6 月为最多;瓮安是黔南州出现暴雨最少的区域,暴雨中心多在都匀市、三都县、长顺县,这与横贯黔南州中部一线的东西苗岭山脉有关。

关键词:黔南州,气温,暴雨日数,降水,气候变化

引言

气候系统的综合观测和多项关键指标表明,全球变暖趋势仍在持续,中国升温速率高于全球平均水平,是全球气候变化的敏感区[1]。在全球变暖的背景下,黔南州气候发生了一定程度的变化,对农业生产尤其是粮食安全带来了严峻挑战。利用 1961 年以来黔南州降水量、气温观测等气象资料分析了黔南州气候变化特征,以期为黔南州农业发展提供决策参考。

黔南州位于贵州省南部,区域呈现南北长条形,北靠贵阳市及遵义市,南与广西壮族自治区毗邻,东与黔东南州相连,西与安顺市、黔西南州接壤。境内地势西北高东南低,东西向苗岭山脉位于长顺县、贵定县南部、都匀市、三都县一线。黔南州属于亚热带季风气候,雨热同季,黔南州平均降水量 1236.3 mm,最多为都匀 1454.5 mm,最少是龙里 1122.5 mm。最早暴雨出现在 1991 年 2 月 12 日福泉市、贵定县 ,最晚暴雨出现在 2010 年 12 月 12 日都匀市。黔南州属喀斯特地貌,境内山脉河流众多,每年都会因暴雨导致众多自然灾害。因此,研究黔南州暴雨时空分布特征,掌握暴雨的时空分布规律,对暴雨预警预报、气候区划、防灾减灾有重要意义。

1　资料与方法

利用 1962—2023 年黔南州 12 个国家级气象站的气温和降水资料,分析黔南州气温和降水的气候特征。气温的年区域平均值采用以下算法:某天 12 个国家级气象站气温的平均值为该天的气温区域平均值,全年每天的区域平均值再求平均值。年平均降水量采用以下算法:12 个国家级气象站的年累计降水量取其平均值。采用线性拟合得到气温、降水量的变化趋势。

以日降水量(20 时至次日 20 时降水量)≥50 mm 作为暴雨日标准,统计黔南州 12 个国家

级气象站1962—2023年共62 a暴雨日数进行样本分析。线性倾向系数用最小二乘法求得，采用线性方程来描述62 a暴雨日数的气候趋势。

2　气温变化特征

从黔南州历年年均气温变化可见(图1),黔南州气温总体呈现升温趋势,平均升温速率为0.154 ℃·(10a)$^{-1}$。从10 a平均值看,20世纪60年代到70年代气温均值为16.0 ℃,80年代到90年代气温均值为16.1 ℃;21世纪00年代到10年代气温均值为16.6 ℃,20年代初期气温均值为17.0 ℃。可见黔南州年均气温有上升趋势,尤其在2000年以后气温升高明显。

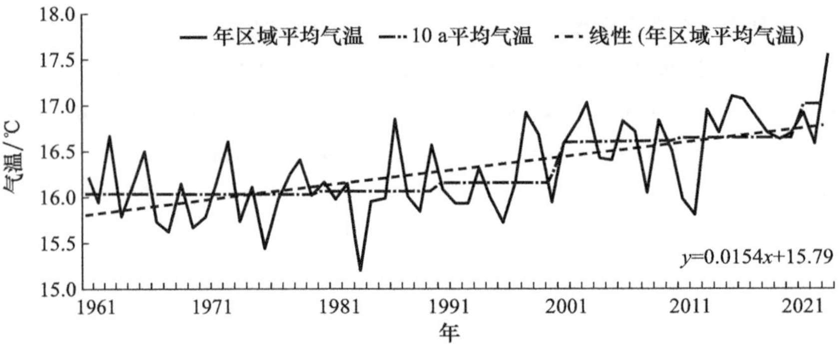

图1　黔南州1961—2023年年平均气温变化趋势

3　降水变化特征

从黔南州历年降水量变化可见(图2),黔南州降水量总体呈减少趋势,平均减少速率为3.3 mm·(10a)$^{-1}$。从10 a平均值看,20世纪60年代平均降水量为1240.5 mm,70年代为1302.2 mm,80年代为1150.4 mm,90年代为1297.6 mm;21世纪00年代为1168.6 mm,10年代为1285.5 mm,20年代初为1096.5 mm。可见黔南州降水量变化有明显10 a周期变化特征,其中20世纪70年代和90年代、21世纪10年代总体降水量相对偏多,20世纪60年代和80年代、21世纪00年代总体降水量相对偏少。

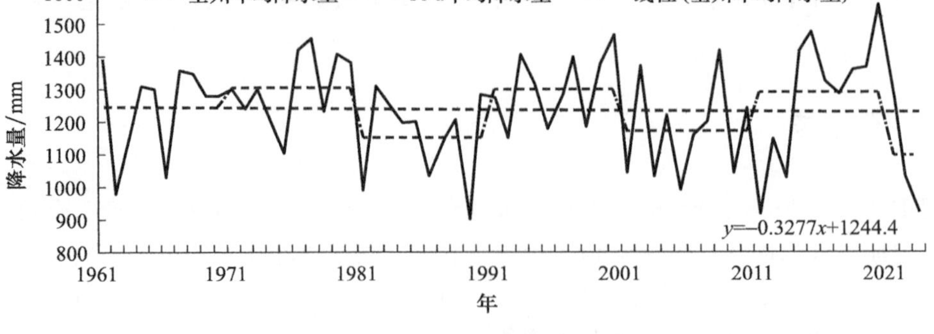

图2　黔南州1961—2023年降水量变化趋势

4 不同区域降水量变化特征

黔南州历年降水量总体虽趋于减少，但在不同时期、不同区域的降水量变化却有所不同(表 1)。黔南州夏、冬季降水量总体呈现增加趋势，春季降水量趋势变化不明显，秋季降水量减少趋势最为明显，且秋季降水量减少速率绝对值分别是春季、冬季增长速率绝对值的 2 倍。因此，秋季降水量明显减少趋势是黔南州总降水量减少趋势的主要原因。每年春耕春播、夏种、秋种等关键农时都是农业生产用水的高峰期，降水量变化对农业生产用水也会造成影响。黔南州总降水量虽有一致变化，但因存在空间分布不均的情况，降水量在年际、月际之间变化较大。春耕春播(3—4 月)呈现黔南州降水量一致增加趋势转为减少趋势，而且 4 月黔南州总降水量减少速率绝对值是 3 月增长速率绝对值的 2 倍，5—6 月是黔南州降水集中期，降水量呈平稳增加趋势；秋种期间(9—10 月)黔南州降水量也从一致增加趋势转为减少趋势，但 10—11 月黔南州降水量都呈现一致减少趋势，对秋种的粮油作物大田移栽生长进程有一定影响。

将黔南州各县(市)按地理位置划分为北部、西部和东部，根据历年降水量变化分析，黔南州北部地区降水量总体呈现偏多趋势且夏季降水偏多趋势较为突出；黔南州西部、东部地区降水量总体呈现偏少趋势，尤其黔南州东部地区偏少趋势较为明显；黔南州西部和东部地区降水量减少速率绝对值均是北部地区增长速率绝对值的 2 倍以上。因此黔南州中南部总体降水偏少趋势是黔南州总体降水量减少的主要原因。

表 1 黔南州四季降水量及关键农事降水量变化速率 单位：mm·(10a)$^{-1}$

年降水变化速率	春季				夏季			秋季				冬季	全年
	3 月	4 月	5 月	春季	6 月	7 月	夏季	9 月	10 月	11 月	秋季		
北部	3.4	−4.5	−0.3	−1.0	3.4	3.6	8.1	1.5	−3.4	−4.3	−6.1	2.4	3.1
西部	3.3	−7.5	1.1	2.1	3.3	−4.5	0.3	4.3	−6.6	−3.7	−6.1	3.8	−6.3
东部	3.9	−6.8	−0.9	0.1	3.9	−1.2	1.8	2.9	−7.6	−3.9	−8.6	4.2	−7.1
全州	3.5	−6.2	0.0	0.1	3.5	−0.6	3.6	2.9	−5.9	−4.0	−6.9	3.5	−3.3

注：北部主要包括瓮安、福泉、贵定、龙里；西部主要包括长顺、惠水、罗甸、平塘；东部主要包括都匀、三都、独山、荔波。

5 暴雨年际变化特征

1962—2023 年，黔南州共出现暴雨 2589 站次，黔南州平均每年 41.7 站次，平均每个县气象站每年出现 3.5 d 暴雨。年最多暴雨是 1999 年 68 站次，其次是 2020 年 67 站次，最少是 1981 年 17 站次。由图 3 可知，62 a 间暴雨站次呈现微弱增加趋势，10 a 增加 0.8 d。20 世纪 60 年代中后期暴雨站次多，20 世纪 70 年代初和 80 年代初暴雨站次少，20 世纪 90 年代之后，暴雨站次的年际分布多在平均值上下呈锯齿形分布。

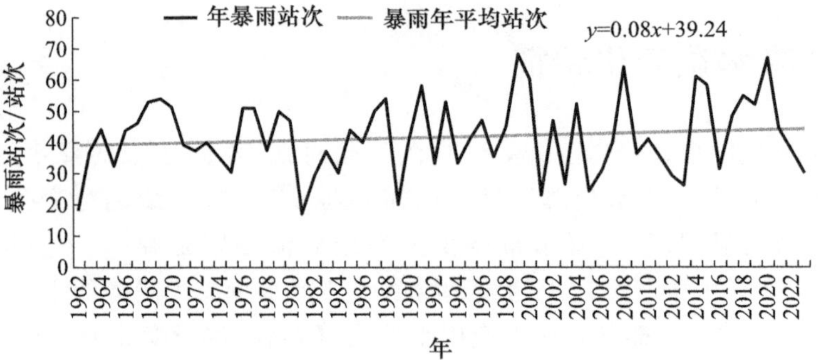

图 3　黔南州 1962—2023 年暴雨站次的变化图

6　暴雨月际变化特征

从月际分布图 4 可知，黔南州暴雨站次的月际分布呈现单峰型，1 月未出现过暴雨，从 2 月出现暴雨，3—4 月逐渐增多，6 月达到峰值，8 月以后逐渐减少。5—7 月是黔南州暴雨集中期，62 a 间 5 月出现 415 站次，6 月出现暴雨 817 站次，7 月出现 556 站次，5—7 月暴雨站次占全年的 69%。

从暴雨月际分布规律看，暴雨出现的时间与偏南季风开始有关，4 月中旬左右随着南海季风的暴发，暖湿气流达到黔南州上空，雨季陆续开始，暴雨也随之发生，特别是在 5—6 月，随着强大的副热带高压西伸北抬，雨带常位于贵州到华南一带，此时段暖湿水汽条件满足，高空多槽脊活动，北方常有冷空气南下，常出现暴雨，且多为区域性暴雨。7 月下旬到 8 月黔南州境内多为副热带高压(简称副高)影响，多晴热天气，暴雨出现的机会小，且多以局地性单点暴雨为主。秋季随着大气环流调整，偏南气流逐渐减弱，水汽和热量条件不够，出现暴雨的机会更少。

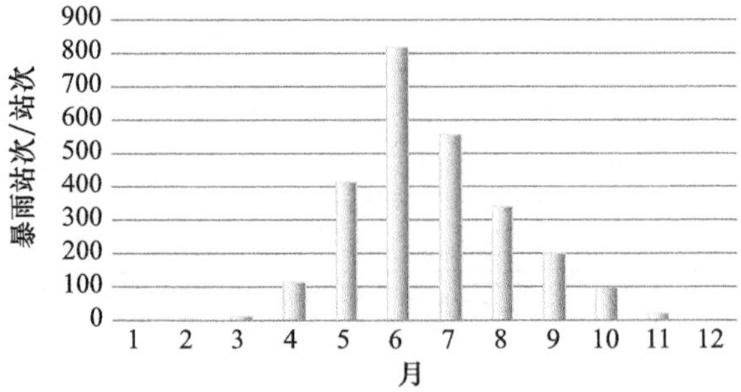

图 4　黔南州 1962—2023 年暴雨站次的月际分布图

7　暴雨空间分布特征

统计 1962—2023 年黔南州 12 个国家气象站出现暴雨的个例(图 5)，发现都匀市、三都县、长顺县为黔南州的暴雨中心，62 a 间都匀市共出现 292 次暴雨，平均每年 4.7 次，三都县出现 274 次，平均每年 4.4 次，长顺县出现 262 次，平均每年 4.2 次。黔南州北部的瓮安县是少暴雨中心，62 a 间共出现 134 次，平均每年出现 2.2 次，其余县(市)年平均都在 2.6～3.9 次。

从暴雨空间分布图 5 可见，62 a 间都匀市暴雨日数占总样本数的 11%，三都县占总样本数的 11%，长顺县占总样本数的 10%，其余县(市)低于 10%。

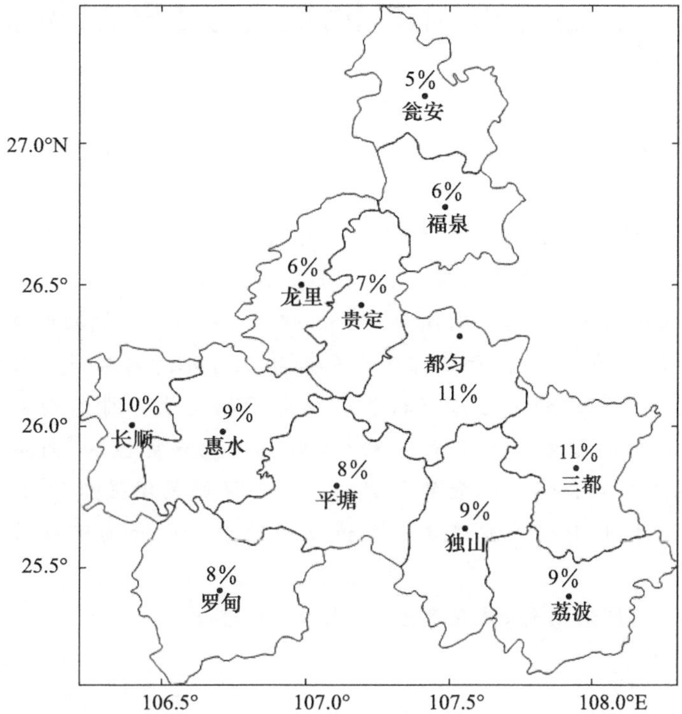

图 5　黔南州 1962—2023 年暴雨日数百分比分布图

8　结论

气候变暖将是未来气候变化的主要趋势，黔南州气温呈现上升趋势，降水量呈现 10 a 变化周期，但 10 a 总的降水量呈减少趋势，黔南州近年来极端气象事件频繁发生，气候变暖和降水量异常是极端气象事件发生的原因之一。

根据季节分布，春季降水量总体平稳略有增加。夏季、冬季降水量增加较为明显，秋季降水量明显减少是黔南州总降水量减少趋势的主要原因。根据黔南州区域地理位置分布，黔南州北部降水相比黔南州中南部地区偏多，黔南州南部地区是影响黔南州降水偏少的主要区域。

黔南州近 62 a 间暴雨日数增加不明显，趋势率 0.8 d·$(10a)^{-1}$。暴雨日数的年际变化平缓，20 世纪 90 年代之后，暴雨日的年际分布多在平均值上下平稳波动。黔南州暴雨月际变化呈现单峰型，6 月最多，其次是 7 月，5 月排位第三，这与副高的变化及暴雨的影响系统有关。

黔南州暴雨的区域分布特点是都匀市、三都县、长顺县为暴雨中心，这与黔南州中部一线横贯东西向的苗岭山脉有关，3 个暴雨中心均处于苗岭山脉的南侧。

参考文献

[1] 中国气象局气候变化中心．中国气候变化蓝皮书[M]．北京：科学出版社，2022.

贵州一次连续暴雨的低值系统及湿位涡分析

赵　杰[1]　唐红忠[1]　周文钰[2]
(1. 黔南州气象局,都匀,558000;2. 贵州省气象台,贵阳,550002)

摘　要:利用自动气象站资料以及美国国家环境预报中心(NCEP)再分析资料,对2017年6月末贵州区域连续暴雨过程进行分析。结果表明:连续暴雨期间,500 hPa西太平洋副热带高压(简称副高)位置较常年偏强,副高西伸脊点偏西,副高西北侧的西南风为持续性暴雨提供水汽输送,东亚中纬度地区维持“西高东低”形势,有利于引导冷空气南下与西南暖湿气流在贵州交汇,这种大尺度系统的稳定维持有利于连续暴雨的发生。贵州西部地区的低值系统是造成贵州区域连续暴雨的重要中尺度天气系统,MPV1低层负值区、高层正值区的配置为贵州暴雨的有利形势,低层辐合高层辐散的形势使得贵州区域呈现强烈的上升运动,为连续性暴雨提供有利的动力条件,同时低层水汽丰富并伴有强的水汽辐合为连续性暴雨提供有利的水汽条件。

关键词:连续暴雨,环流形势,低值系统,湿位涡,物理量

引言

连续暴雨由于降水持续时间长,容易造成比较严重的灾害,贵州地处青藏高原东南侧,易受高原槽以及西南涡的影响,加之地形[1−3]的影响,使得贵州地区容易出现局地暴雨天气,连续暴雨也不少见,同时贵州山区地表土层薄,地质环境脆弱[4],更容易出现地质灾害,因此有必要对(连续)暴雨进行研究。因为地形复杂,使得贵州暴雨预报难度较大,针对贵州暴雨,不同的学者分别研究了西南低涡[5]、台风倒槽[6]、南支槽[7−8]、低空急流[9]以及静止锋[10]对贵州暴雨的影响,针对贵州的连续暴雨也有一定的研究[11−13]。

2017年6月22日—7月1日(以下简称6月末)贵州区域出现了一次连续暴雨,此次暴雨过程造成了山体滑坡、洪涝等灾害,造成了巨大的经济损失。本文利用自动气象站资料、NCEP再分析资料(2.5°×2.5°)以及欧洲中期天气预报中心(ECMWF)的再分析资料(0.25°×0.25°),对此次连续暴雨的环流背景、冷空气以及物理量进行了分析,并对低值系统的演变、湿位涡进行了研究,以期对今后贵州连续暴雨预报提供一定的参考价值。

1　实况

2017年6月末贵州出现了连续暴雨,6月22日—7月2日贵州省均出现了不同程度的暴雨。降水量统计为前1 d 20时至当天20时的降水量,即气象上常用的20时至次日20时降水量。从表1可知,除了6月26—28日以及7月2日出现了局地性暴雨,其余时间均出现大范围的暴雨。6月22—24日暴雨主要出现在贵州中部、北部地区,贵州省50 mm以上站数每日

均达400站以上，最大降水量为6月24日印江县新寨215.8 mm；6月25日贵州中部以南地区出现区域性暴雨，最大降水量为册亨县乃言145.0 mm；6月26—28日降水主要出现在贵州南部地区，降水范围明显减小，降水强度明显减弱；6月29日降水范围扩大，强度加强，贵州省出现了408站暴雨，主要出现在贵州中部以南以东的区域，最大降水量为剑河县基立220.9 mm；6月30日降水主要出现在贵州中部一线，贵州省共有725站达暴雨量级，最大降水量为丹寨县乌地206.2 mm；7月1日落区南移，降水主要位于贵州南部地区，强度有所减弱，最大降水量为锦屏县敦寨152.2 mm；到7月2日降水趋于结束，仅在贵州西部、北部地区出现6站暴雨。

表1 2017年6月末降水情况(20时至次日20时)

日期	主要影响地区	50 mm以上站数/站	最大降水量/mm(站名)
6月22日	遵义、毕节、贵阳、安顺、六盘水	413	192.1(黔西县定新)
6月23日	铜仁、贵阳、黔南州、安顺、黔西南	408	183.6(江口县官和)
6月24日	铜仁、遵义、贵阳、毕节	451	215.8(印江县新寨)
6月25日	黔东南、黔南州、黔西南	75	145.0(册亨县乃言)
6月26日	黔东南	1	74.7(岑巩县大榕)
6月27日	黔东南、黔西南	16	63.4(榕江县兴华)
6月28日	黔南州、黔东南	20	82.0(从江县尧贵)
6月29日	黔东南、黔南州、毕节	408	220.9(剑河县基立)
6月30日	铜仁、遵义、六盘水、黔南州、黔东南、安顺、黔西南	725	206.2(丹寨县乌地)
7月1日	黔东南、黔南州、安顺、黔西南	174	152.2(锦屏县敦寨)
7月2日	六盘水、黔西南、遵义	6	77.2(赤水县复兴)

2 环流特征

用588 dagpm线来表示西太平洋副热带高压的位置，分别计算出2017年6月末以及近10 a来同期的588 dagpm线平均位置，得到其分布(图1a)，从图1a来看，2017年6月末副高较多年平均偏强，副高西伸脊点比多年平均更偏西，贵州位于副高西北侧，在对流层低层副高西北侧空气比较暖湿[14]，副高西侧偏南气流输送水汽影响贵州，有利于贵州区域降水偏多。从2017年高度距平场(图1b)可以看出，整个欧洲大陆和贝加尔湖地区为明显的正距平，乌拉尔山以东地区以及东亚沿海地区为负距平，对应500 hPa平均高度场(图略)，在贝加尔湖附近为明显的脊区，鄂霍茨克海至黄河中下游一带为槽区，表明贝加尔湖附近脊、鄂霍茨克海至黄河中下游槽的强度比近10 a平均偏强，槽后脊前偏北风强于往年，容易引导地面冷空气南下与副高西侧暖湿空气交汇影响贵州，为贵州连续暴雨提供有利的环流形势。

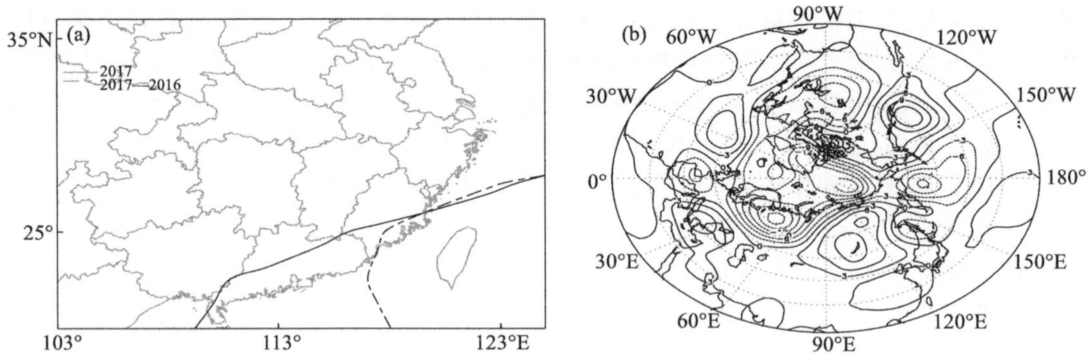

图 1　500 hPa 形势

(a)2007—2016 年(虚线)6 月末、2017 年(实线)6 月末 588 dagpm 线平均位置;
(b)2017 年 6 月末 500 hPa 位势高度距平场(单位:dagpm)

3　冷空气的影响

冷空气活动对预报贵州暴雨有重要的指标性,计算出 2017 年 6 月末海平面气压场与近 10 a 同时期的海平面气压场距平(图 2a),可以看出从河西走廊到西南地区为正距平带,3 hPa 的中心位于川渝黔交界地带,配合 500 hPa 平均高度场上在鄂霍茨克海到黄河中下游一带为明显的槽区,贝加尔湖附近为脊区,表明冷空气经河西走廊进入四川盆地南下影响贵州,为偏北路径影响贵州区域,在暖湿气流的配合下容易出现强对流或强降水天气[13]。从 850 hPa 风场距平(图 2b)可以看出,在 2017 年 6 月末,影响贵州区域的偏北气流明显强于多年平均水平,表明该时段冷空气明显强于多年平均,同时在南海为距平反气旋控制,其后部偏南暖湿气流强于多年平均,因此在贵州区域存在着明显的冷暖气流的交汇,有利于暴雨的发生。

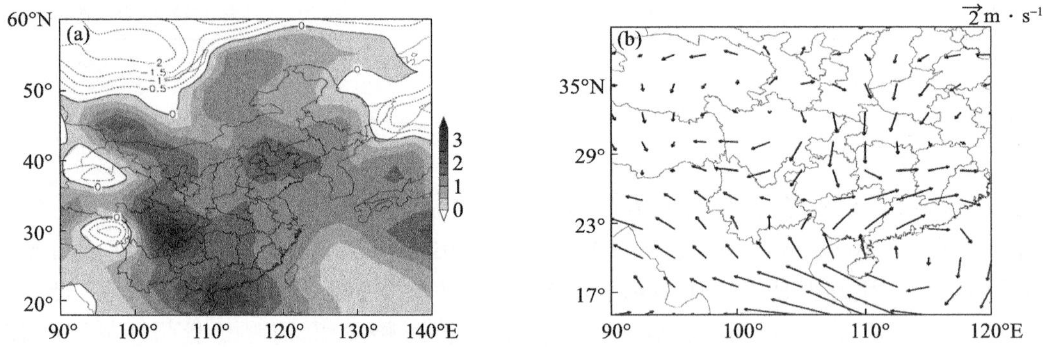

图 2　2017 年 6 月末海平面气压距平(线条+填色,单位:hPa)(a)与 850 hPa 风场距平(箭头,单位: m · s^{-1})(b)

4　低值系统的移动

持续性暴雨期间的强降水,不仅与稳定的大尺度环流背景有关,也离不开中尺度对流系统的活动[15]。利用涡度的变化来表示中尺度低值系统的演变。图 3 为 700 hPa 涡度沿 27°N 的经度—时间剖面和纬度—时间剖面。

从经度—时间剖面图(图 3a)可以看出,贵州基本处于正涡度区,在 6 月 22 日、6 月 23—24 日、6 月 29 日—7 月 1 日有明显的正涡度中心在 105°E 以西(贵州西部)生成并向东传播,此时贵州出现大范围强降水,雨带呈东西带状分布,6 月 25 日、6 月 27—28 日正涡度中心在 105°E 以东地区生成并向西传播,此时强降水较弱,范围较小,6 月 26 日正涡度明显减弱,降水最弱。从沿 106.5°E 的纬度—时间剖面(图 3b)可以看出,在纬向上 6 月 22 日,6 月 23—24 日强正涡度中心位于中北部稳定少动,对应雨带在南北方向上稳定少动,6 月 25—28 日正涡度强度明显减弱,此时降雨明显减弱,6 月 29 日正涡度明显加强,降水加大,6 月 30 日—7 月 1 日正涡度区向南传播,对应雨带南移。正涡度向东向南移动对应着低涡的东移南压,造成暴雨的生成和雨带的移动。

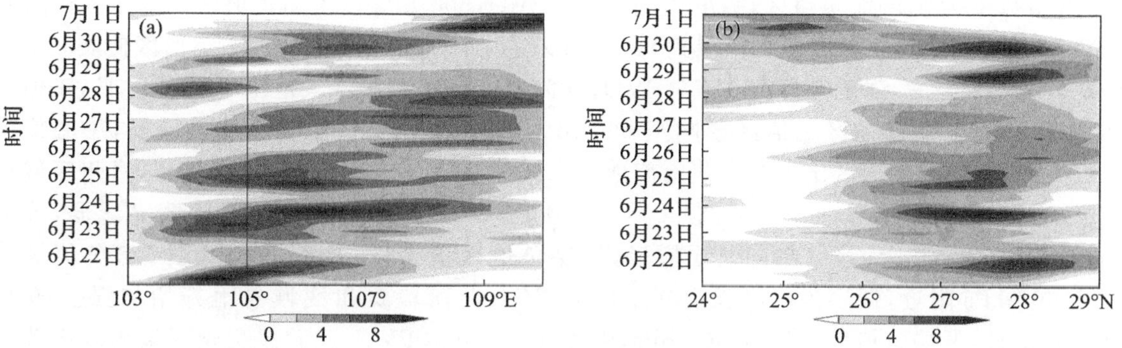

图 3　2017 年 6 月末 700 hPa 涡度沿 27°N 的经度—时间剖面(a)和
沿 106.5°E 的纬度—时间剖面(b)(单位:10^{-5} s^{-1})

从卫星云图演变来看,从 6 月 21 日午后到 24 日在贵州西部不断有对流云团生成发展,并向东传播。22 日 14 时(图 4a)在贵州毕节有对流云团生成,随后东移发展影响贵州中部、北部地区,造成贵州中北部地区的暴雨天气;23 日 18 时(图 4b)在贵州毕节、黔西南地区有新的对流云团生成发展,随后东移发展影响贵州,造成贵州北部及南部边缘地区的暴雨天气;24 日 17 时(图 4c)在贵州黔西南地区有新的对流云团生成发展,随后云团发展南移,造成贵州南部地区的暴雨天气。25 日白天到 28 日无强对流云团的传播和发展,对应在该时段正涡度中心强度明显减弱,降水减小。29 日 00 时贵州西部地区有新的对流云团发展(图 4d),随后东移发展,造成贵州中部一线的暴雨天气,6 月 30 日—7 月 1 日西南地区到长江中下游地区存在降水云带,并且云带逐渐东移南压影响贵州的中南部地区,对应 6 月 30 日—7 月 1 日贵州暴雨落区从贵州中部南移至贵州南部边缘。中尺度对流云团产生的位置及移动方向,均与正涡度中心的位置和移动相对应,一次低涡东移对应一次大范围强降水天气过程,进一步说明贵州西部地区的低涡是造成贵州连续暴雨的重要中尺度天气系统。

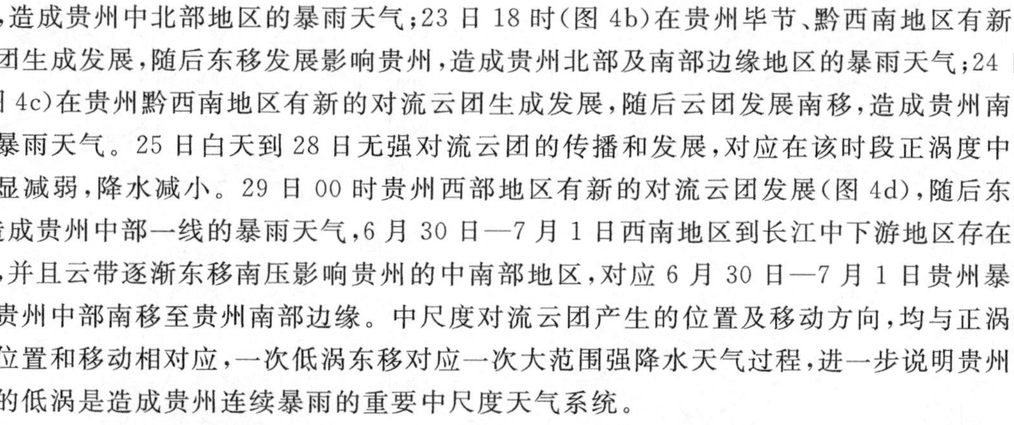

图 4　2017 年 6 月末卫星红外云图 TBB(填色,单位:K)
(a)22 日 14 时;(b)23 日 18 时;(c)24 日 17 时;(d)29 日 00 时

5 湿位涡正压项分析

湿位涡可分为湿正压项和湿斜压项，湿正压项 $M_{PV1}=-g(\zeta+f)\partial\theta_e/\partial P$ 表示惯性稳定性和对流稳定性的作用[16]，其中 ζ 表示相对涡度，g 表示重力加速度，f 表示地转涡度，θ_e 表示相当位温，P 为气压。一般来说绝对涡度为$(\zeta+f)$正值，当对流稳定$(\partial\theta_e/\partial P<0)$时，$M_{PV1}>0$，反之对流不稳定$(\partial\theta_e/\partial P>0)$时，$M_{PV1}<0$。

沿 107.5°E 做 MPV1 垂直剖面图，得到图 5，在 22—23 日(图 5a)，贵州区域(图中虚线框)600 hPa 以下为 MPV1 负值区，强度达到－0.6 PVU，600 hPa 以上为正值区。24 日(图 5b)，30°N 以北有明显的正值区向下伸展到 800 hPa 左右，此时贵州区域 MPV1 负值区伸展高度依旧在 600 hPa 左右，强度维持在－0.6 PVU；此阶段贵州区域出现大范围暴雨。25 日，正值区明显南压，贵州北部地区正值区影响至 600 hPa 以下，低层负值区强度明显减弱，中心值为－0.4 PVU，此时暴雨区出现在贵州南部地区；26 日(图 5c)正值区完全影响贵州，贵州区域仅在 800 hPa 以下有明显的负值区，强度为－0.4 PVU，此阶段贵州区域暴雨明显减弱，范围缩小。27—28 日正值区开始向高层撤退，低层负值区向上发展，到 28 日(图 5d)负值区发展到 600 hPa 附近，低层负值区强度在－0.4 PVU，此阶段贵州区域暴雨开始加强。29 日到 7 月 1 日，低层负值区发展到 600 hPa，强度达到－0.6 PVU，此阶段贵州区域出现大范围的暴雨。

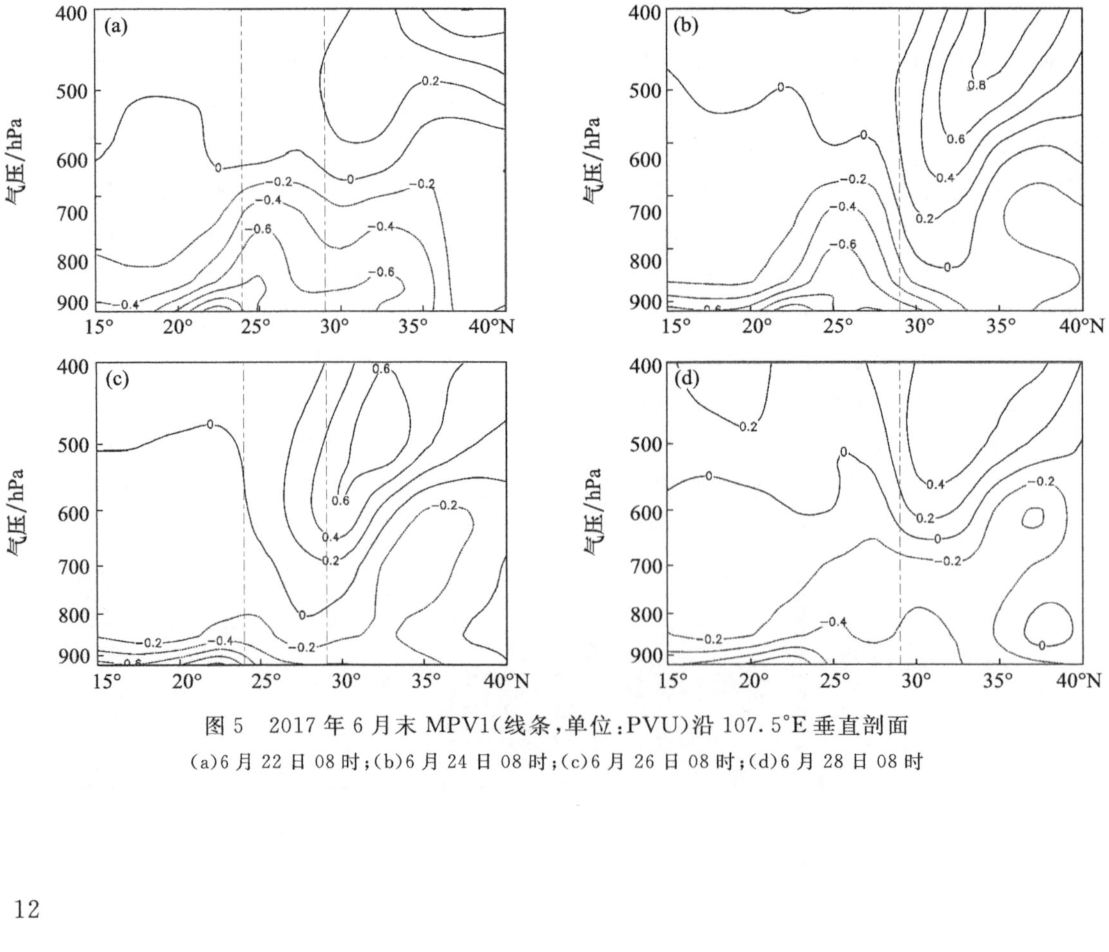

图 5 2017 年 6 月末 MPV1(线条，单位：PVU)沿 107.5°E 垂直剖面

(a)6 月 22 日 08 时；(b)6 月 24 日 08 时；(c)6 月 26 日 08 时；(d)6 月 28 日 08 时

综合来看出现大范围暴雨天气时，整个贵州区域 600 hPa 以下 MPV1 为负值区，绝对值在 0.6 PVU 以上，600 hPa 以上高层 MPV1 为正值区，表明贵州区域在 600 hPa 以下为不稳定层结。当有正值区南下入侵并控制整个贵州地区时，表明冷空气控制贵州，贵州转为相对稳定的层结控制，此阶段贵州降水明显减少。6 月 24 日冷空气开始影响贵州，零线相对密集区为冷暖空气交汇地带[13]，有利于降水的出现，25 日时正值区基本控制贵州全境，贵州区域转为稳定层结，降水减弱。MPV1 低层负值区、高层正值区的配置为贵州暴雨的有利形式。

6 物理量特征

从 2017 年 6 月末沿 107.5°E 的垂直速度剖面来看(图 6a)，在贵州区域(图中虚线框)整个对流层表现为强盛的上升气流，垂直速度达到 $-0.15\ \text{Pa}\cdot\text{s}^{-1}$，为 2017 年 6 月末贵州区域连续暴雨提供有力的动力条件。从比湿来看，850 hPa 贵州区域比湿北部边缘地区为 $12\sim14\ \text{g}\cdot\text{kg}^{-1}$，西部地区比湿大于 $16\ \text{g}\cdot\text{kg}^{-1}$，其余地区 $14\sim16\ \text{g}\cdot\text{kg}^{-1}$，700 hPa 比湿在 $9\sim10\ \text{g}\cdot\text{kg}^{-1}$，达到贵州暴雨比湿标准[14]，850 hPa 比湿西部地区达到特大暴雨标准。从 2017 年 6 月末水汽通量散度剖面图来看(图 6b)，在贵州区域(图中虚线框)基本处于水汽辐合，在低层水汽辐合尤为明显，为贵州区域连续暴雨提供有利的水汽条件。

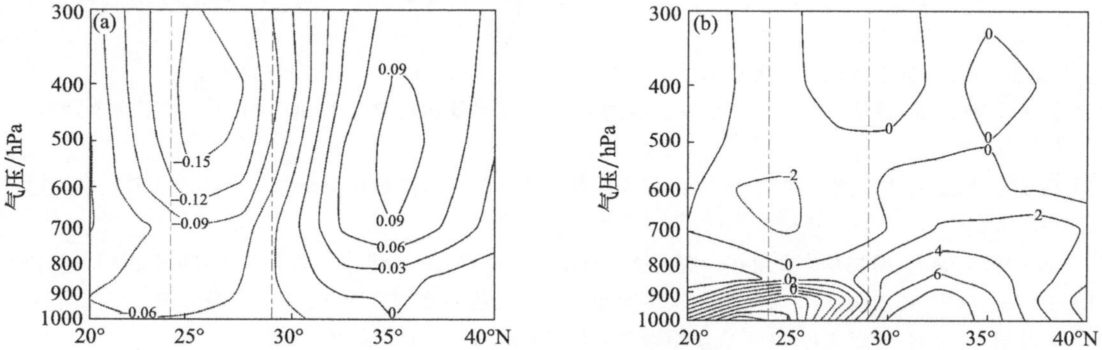

图 6　2017 年 6 月末沿 107.5°E 的垂直速度(单位：$\text{Pa}\cdot\text{s}^{-1}$)剖面(a)和水汽通量散度(单位：$10^{-6}\ \text{g}\cdot\text{cm}^{-2}\cdot\text{hPa}\cdot\text{s}^{-1}$)剖面(b)

7 结论与讨论

2017 年 6 月末贵州地区连续暴雨期间，副热带高压较常年偏强，副高西伸脊点偏西，副高西北侧的西南大风速带为持续性暴雨提供水汽，中纬度地区槽脊偏强，有利于引导冷空气南下与西南暖湿气流在贵州交汇，这种大尺度系统的稳定维持有利于连续暴雨的发生。

在贵州持续性暴雨期间，贵州区域有明显的低值系统东移传播，正涡度中心的东移和南压，对应着雨带的东西分布和雨带的南移。贵州西部地区(105°E 以西)的低值系统是造成贵州区域连续暴雨的重要中尺度系统。

湿位涡正压项 MPV1 表示大气的对流不稳定情况，低层负值区、高层正值区的配置为贵州暴雨的有利形势，负值区伸展到 600 hPa，绝对值在 0.6 PVU 以上时，贵州区域出现大范围暴雨。

低层辐合高层辐散的形势使得贵州区域呈现强烈的上升运动，为连续性暴雨提供有力的动力条件，同时低层水汽丰富并伴有强的水汽辐合，为连续性暴雨提供有利的水汽条件。

参考文献

[1] 滕林，安海全，贺德军，等．一次地形加强贵州暖区暴雨成因分析[J]. 中低纬山地气象，2018，42(1)：11-18.

[2] 金山，刘开宇，李腊平，等．贵州暴雨模拟分析及地形影响数值试验[J]. 安徽农业科学，2010，38(27)：15103-15107.

[3] 吉廷艳，彭芳，周后福，等．贵州典型暴雨地形影响的数值模拟[J]. 安徽农业科学，2014，42(1)：176-178.

[4] 杜正静，夏晓玲，裴兴云，等．基于 GAM 模型的 3 种降雨因子对贵州地质灾害危险性预测的对比分析[J]. 中国农学通报，2015，31(6)：187-193.

[5] 王兴菊，陈贞宏，叶邦．西南低涡诱发贵州夏季暴雨预报研究[J]. 安徽农业科学，2011，39(31)：19474-19477.

[6] 周明飞，周永水，杜小玲．影响贵州的三次台风倒槽暴雨诊断分析[J]. 暴雨灾害，2011，30(2)：167-172.

[7] 尚媛媛，杜正静，夏晓玲．一次南支小槽引发的贵州南部暴雨天气过程的预报偏差分析[J]. 中国农学通报，2017，33(25)：127-132.

[8] 池再香，邱斌，康学良，等．一次南支槽背景下地形对贵州水城南部特大暴雨的作用[J]. 大气科学学报，2011，34(6)：708-716.

[9] 万雪丽，杨静．低空急流对贵州夏季暴雨的作用分析[J]. 贵州气象，2007(3)：16-18.

[10] 杜正静，何玉龙，熊方，等．滇黔准静止锋诱发贵州春季暴雨的锋生机制分析[J]. 高原气象，2015，34(2)：357-367.

[11] 冯新建，杨忠明，陈贞宏．2011 年 6 月 4—6 日贵州省连续性暴雨过程分析[J]. 现代农业科技，2018(6)：185-188.

[12] 王安林，何春燕，冯晓芬．贵州省一次连续性暴雨—大暴雨过程分析[J]. 贵州气象，2007(4)：22-23，30.

[13] 王兴菊，白慧，杨忠明，等．贵州省一次连续性暴雨的湿位涡诊断分析[J]. 贵州气象，2012，36(2)：11-16.

[14] 朱乾根，林锦瑞，寿绍文，等．天气学原理和方法[M]. 北京：气象出版社，2007.

[15] 李燕，刘勇，赛瀚．大连地区 2013 年 7 月连续性暴雨成因[J]. 干旱气象，2016，34(4)：670-677.

[16] 寿绍文．位涡理论及其应用[J]. 气象，2010，36(3)：9-18.

黔南州两次暴雨诱发地质灾害对比分析

唐红忠[1] 高红梅[1] 赵 杰[1] 莫乙冬[1] 陈 杨[1] 高 涛[2]
(1. 黔南州气象局,都匀,558000;2. 黔南州自然资源局,都匀,558000)

摘 要:利用欧洲中期天气预报中心数值产品、贵州省气象区域观测站资料,对贵州省黔南州6月两次暴雨过程诱发的地质灾害事件进行对比分析,结果发现:暴雨过程是诱发地质灾害发生的主要因素,两次暴雨过程影响系统不同,暴雨落区不同;地面辐合线的位置对暴雨落区有很好的指示作用;两次山体滑坡前5 d的天气实况及当日降水量的大小对诱发滑坡事件的阈值不一;滑坡区域地质地貌呈现坡陡、起伏大的特点,是地质灾害发生的外因。

关键词:暴雨,地质灾害,对比分析

引言

黔南州位于贵州省南部,处于青藏高原东南侧到广西丘陵的过渡地带。黔南州属于喀斯特地貌,海拔高差大,山体沟渠较多,境内属于亚热带季风气候,雨热同季,降雨主要出现在汛期,每年5—7月累计降水量占全年降水量的50%。不少学者分析了降雨与地质灾害的关系[1-6],李宇梅等[1]、杨竹云等[2]指出,地质灾害与降水因子密切相关,当日降水量和前期降水是地质灾害重要诱因。李宇梅等[1]、杨竹云等[2]、井书文等[3]、霍芳等[7]对地质灾害的预警预报技术进行了研究,陈晓清等[8]分析了峨眉山崩塌灾害并提出了防范措施建议,杨侃等[9]模拟了暴雨与地形的关系。黔南州汛期暴雨频发,是地质灾害高发期,选取黔南州三都县2021年6月20日(简称20210620过程)和长顺县2022年6月19日(简称20220619过程)两次暴雨诱发的滑坡事件,对暴雨发生的机制、降水实况、灾害情况、暴雨诱发地质灾害阈值进行对比分析,找出暴雨诱发地质灾害事件的相同点和不同点,为黔南州气象地质灾害防治工作提供参考。

1 灾害发生情况和暴雨天气实况

2021年6月19日20时到20日上午三都县出现5站大暴雨、12站暴雨,最大降水量为排怪站227.5 mm(图1a),其次是拉揽站177.3 mm,最大小时降水量77.1 mm(排怪站19日22—23时)(图2a)。山体滑坡造成直接经济损失约1192万元,潜在经济损失4850万元,灾情等级为特大型。

2022年6月18日20时—19日20时,长顺县出现1站大暴雨、7站暴雨。最大降水量为新寨站124.8 mm(图1b),最大小时降水量58.1 mm(新寨站19日01—02时)(图2b)。滑坡点距离新寨气象观测站约3 km,滑坡造成直接经济损失约100万元,潜在经济损失500万元。灾情等级为中型。

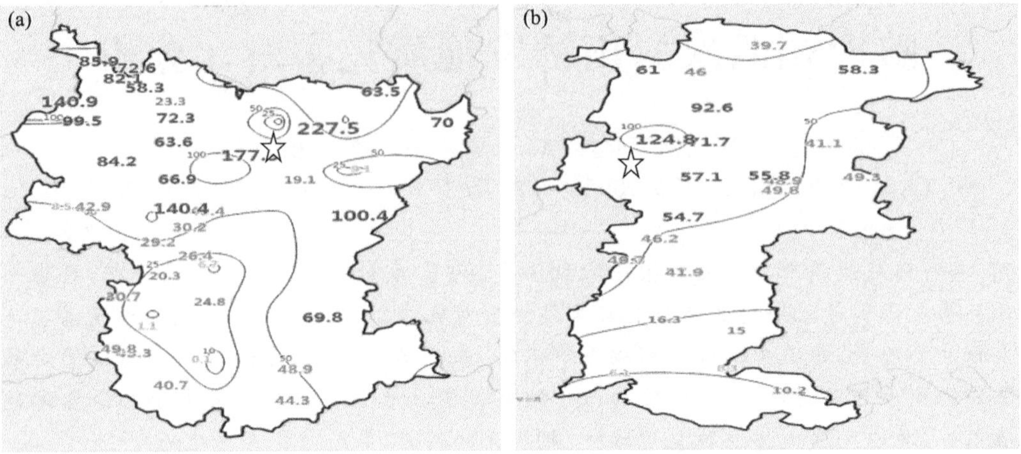

图 1　三都县 2021 年 6 月 20 日(a)和长顺县 2022 年 6 月 19 日(b)降水量分布图(单位:mm)(☆为滑坡点)

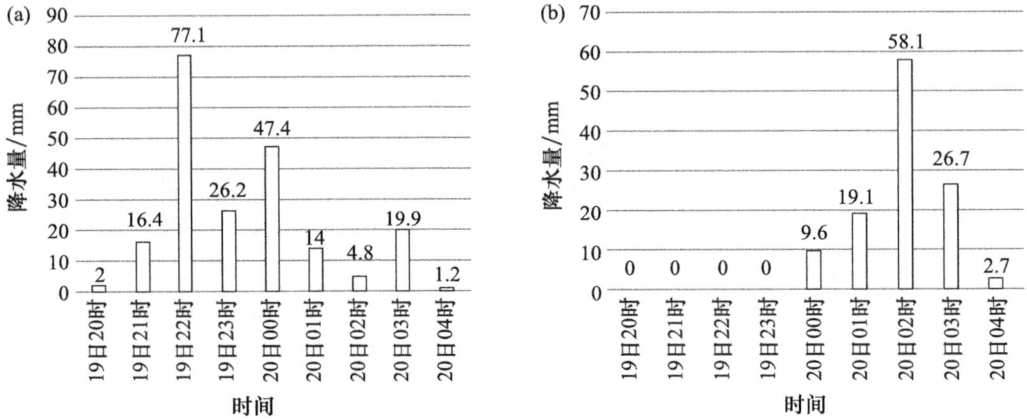

图 2　三都县排怪站(a)和长顺县新寨站(b)小时降水量分布图

2　两次暴雨过程诱发山体滑坡地质灾害的阈值分析

对三都县和长顺县的滑坡事件发生前和发生时的降水量进行分析,找出两次过程的阈值。

三都县 20210620 过程:三都县 15—19 日白天持续晴天,白天日最高气温 31～35 ℃,排怪站强降雨从 19 日 21 时开始加强,22—23 时达到峰值,拉揽站强降雨从 19 日 22 时开始,01—02 时达到峰值,两个观测站降雨在 20 日 04 时之后减弱。滑坡地点位于三都县三合街道拉揽村,位于排怪站和拉揽站之间,距离排怪站 8 km,距离拉揽站 6 km。山体滑坡开始发生时段 20 日 00 时 30 分,是排怪站最大小时降水量之后 1 h。

长顺县 20220619 过程:长顺县 14—15 日无降雨,16—18 日持续降雨,滑坡点距离新寨气象监测站点 3 km。新寨站 16 日降水量 2.8 mm,17 日 32.9 mm,18 日 91.8 mm。新寨站 19 日 01—03 时是强降水发生时段,19 日 04 时发生滑坡,是新寨站最大小时降水量之后 2 h。

通过对比发现,三都县 20210620 过程累计降水量和小时降水量均比长顺县 20220619 过程强，在滑坡发生前 3 d，三都县境内无降水，长顺县新寨站连续 3 d 出现降水，且滑坡前 1 d 新寨出现暴雨过程，最大小时降水量 36 mm。三都县 20210620 滑坡出现在最大小时降水量之后的 1 h，长顺县 20220619 滑坡出现在最大小时降水量之后的 2 h。

3 暴雨成因分析

3.1 三都县 20210620 过程环流形势分析

6 月 19 日 08 时（图 3a）500 hPa 在云南东部有波动槽，未来东移影响贵州，副热带高压 588 dagpm 线位于福建到广东、广西、云南南部一线，700 hPa 在四川中部有切变线，贵州境内有西南风急流（12 $m \cdot s^{-1}$），贵阳到河池比湿 11～12 $g \cdot kg^{-1}$，850 hPa 在贵州省中南部切变线维持影响，偏西南急流（16 $m \cdot s^{-1}$），19 日夜间西南风急流继续增强维持，切变线维持少动，贵阳到河池比湿 12～16 $g \cdot kg^{-1}$。地面图上长江中下游梅雨锋西段影响贵州，四川东部有冷空气侵入贵州，触发梅雨锋活跃（图 3b）。

6 月 16—19 日黔南州持续晴天，三都县境内日最高气温 31～35 ℃，能量条件较好。贵州位于 500 hPa 槽前，中低层有切变线长时间维持，配合中低层持续西南风急流，比湿较大，地面有冷空气侵入，非常有利于黔南州发生强降水天气。实况大雨以上的降水出现在黔南州中部及以南区域，切变线维持时间较长的都匀、三都、荔波境内出现大暴雨。

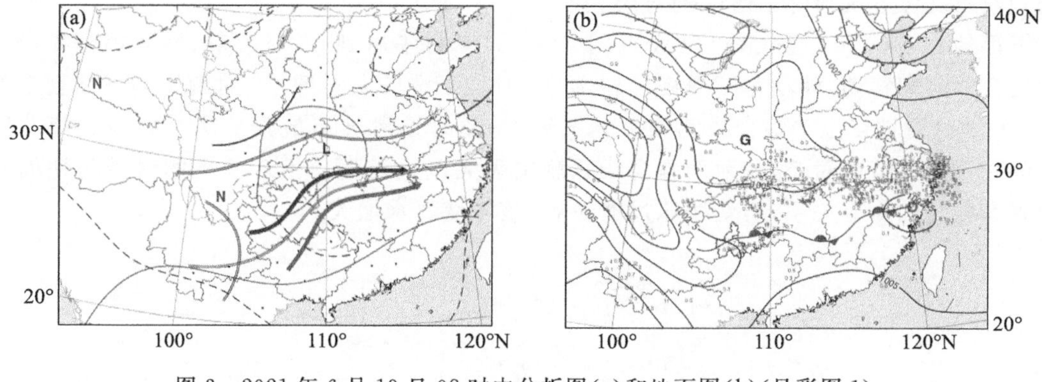

图 3 2021 年 6 月 19 日 08 时中分析图(a)和地面图(b)(见彩图 1)

3.2 长顺县 20220619 过程环流形势分析

6 月 18 日 20 时（图 4a）500 hPa 高空槽位于广西北部，黔南州受槽后西北气流影响，槽前负变高区。700 hPa 黔南州受西南气流影响，低涡切变线位于贵州北部，西南急流位于广东北部，$T - T_d = 0.7$℃，$T_{700} - T_{500} = 14$ ℃。850 hPa 黔南州受偏南气流影响，低涡切变线位于四川南部，西南急流位于广东北部，贵阳到河池比湿 15～16 $g \cdot kg^{-1}$。18 日夜间随着南风的增强，低涡切变线向北抬。

地面图上（图 4b）18 日 20 时东西向地面辐合线位于黔南州都匀到惠水、长顺一线，在黔西南州有西北到东南的辐合线，从贵州省的西北部有冷空气入侵黔南州，18 日夜间到 19 日凌晨辐合线北抬。

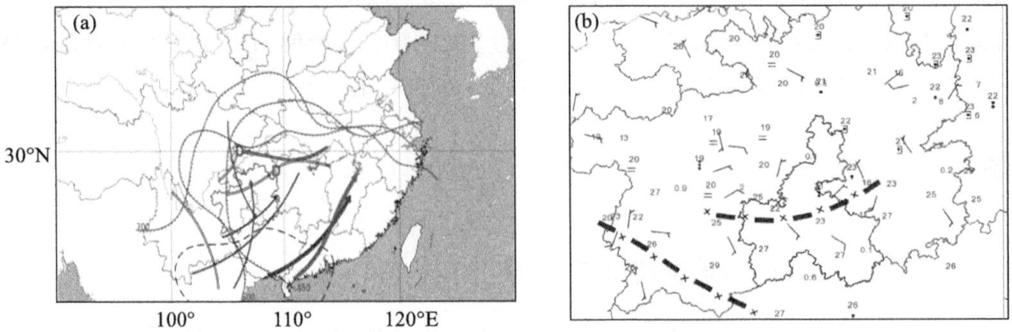

图 4　2022 年 6 月 18 日 20 时中分析图(a)和地面图(b)(见彩图 2)

通过对比两次暴雨过程的影响系统，三都县 20210620 过程是高空槽、切变线和急流在梅雨锋环境下共同导致，暴雨出现在 850 hPa 切变线南侧和梅雨锋西段重合区域，暴雨范围广且累计降水量大，小时降水量大。长顺县 20220619 过程是高空槽、低层切变线和急流，地面有冷空气配合，850 hPa 切变线和急流的位置离黔南州较远，暴雨落区出现在地面辐合线附近，暴雨区域范围和强度弱于三都县 20210620 过程。

3.3　暴雨过程地面中小尺度分析

在短临业务中，实时风场能显示系统位置，利用三都县和长顺县境内气象观测站 10 min 风场判断系统位置及与降水落区的对应关系。

三都县 20210620 过程(图 5)：从 2021 年 6 月 19 日午后到 20 日凌晨，地面辐合线在三都县境内自北向南移动，移动速度缓慢。19 日 17 时位于滑坡点附近，20 时南压到三都县中部一线，20—23 时滑坡点位于辐合线北侧偏北气流中，此时是滑坡点最强的降水时段。南北风向长时间在三都县境内对峙，在地面辐合线北侧出现大范围暴雨。出现暴雨的区域与地面辐合线位置有很好的对应关系，切变线压过滑坡后，该区域降水增大。

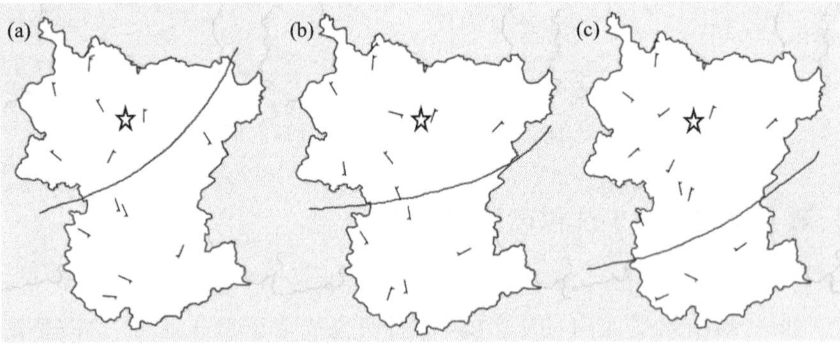

图 5　三都县 2021 年 6 月 20 日风场演变图(☆为滑坡点)

(a)17 时；(b)20 时；(c)23 时

长顺县 20220619 过程(图 6)：2022 年 6 月 18 日 20 时—19 日 00 时西北路径冷空气影响长顺县西部，滑坡点受到冷空气影响，长顺县境内的降雨从 18 日 23 时开始出现，19 日 00 时 40 分新寨站由北风转为西南风，西北风和西南风形成的地面辐合线位于凤凰坝到新寨之间，地面辐合线维持到 02 时 30 分，冷空气势力减弱，地面辐合线逐渐北抬到长顺县西北部，滑坡点 01—03 时处于南风控制下，此时正是降雨最强时段，04 时之后长顺县转为偏北风，降雨减弱。暴雨位于地面辐合线附近。滑坡点转为南风之后，该区域降雨增大。

图 6 长顺县 2022 年 6 月 18—19 日风场演变图（☆为滑坡点）
(a)18 日 21 时；(b)19 日 02 时；(c)19 日 03 时

从地面风场可知，暴雨过程中三都县和长顺县都有地面辐合线存在，三都县地面辐合线自北向南缓慢移动，暴雨区域位于地面辐合线北侧冷区中，滑坡点正处于冷区中。长顺县地面辐合线由南向北抬，滑坡点先是受冷空气影响，之后长时间受南风影响，出现暴雨。

4 两次滑坡点的地形和地质条件对比分析

黔南州地形呈现南北长条形，海拔高度由南部向北部升高，20210620 过程发生滑坡的三都县位于黔南州东部，该县海拔高度亦是由南部向北部逐渐升高，在县北部由于山脉众多，山体呈现喇叭口形状，偏南气流在喇叭口强迫抬升，对降雨有增幅作用。此次降雨过程中，三都县降水量级分布从南部向北部逐渐增大，与地形海拔由南到北逐渐升高基本一致。三都县三合街道滑坡点位于喇叭口南侧，正是此次大暴雨出现的区域。20220619 过程发生地位于黔南州西部的长顺县，该县海拔高度亦是由南部向北部逐渐升高，发生滑坡的新寨位于长顺县中部靠西，海拔高度由低向高延伸的中间地带，地形抬升作用导致该区域降雨大于周边区域。

三都县 20210620 过程：滑坡点区域之前未发生垮塌。该地属于侵蚀低山沟地貌，地势总体西北高东南低，地形起伏大，海拔高度 600～850 m，相对高差约 250 m。滑坡点为坡地，植被发育良好，主要为耕地和林地，人类活动一般。19 日夜间到 20 日凌晨该滑坡区域正发生强降雨，滑坡发生前 3 h 内降水量达到 170 mm，降水量是此次滑坡发生的主要外部因素。滑坡区地形自然坡度 20°～50°，滑坡体所处斜坡坡度较陡，达到 40°左右，局部达到 50°，不利于斜坡体稳定。滑体至村民房屋高差约 150 m 左右，地形起伏大，不利的地形因素是导致本次滑坡发生的内部原因。大量雨水冲刷和下渗，对滑坡土体浸润、软化，使得土体抗剪强度降低、重度增加，减少滑坡体的抗滑力，而增加了下滑力，从而降低滑体稳定性，导致了此次滑坡的发生。

长顺县 20220619 过程：滑坡点地貌类型为高丘陵溶蚀地貌，植被覆盖较好。此次滑坡点在 2021 年 7 月 3 日曾因降雨影响发生滑塌。滑坡地点为坡地，植被发育良好，主要为耕地和林地，人类活动强烈。该区域岩层陡峭，雨水浸润土体，加重斜坡自身荷载，在岩土界面形成饱水带，在降雨影响下引岩土界面形成滑坡。此次发生局部滑塌，长约 55 m，宽约 55 m，平均厚度 3 cm，滑向 133°，坡度约 50°。滑坡直接冲毁坡脚房屋。

对比两次滑坡过程，大暴雨是主要的诱因，山体海拔高差大、坡陡、人为活动是滑坡的外因。

5 结论与讨论

影响的天气系统不同，暴雨落区不同。20210620 三都县大暴雨是在梅雨锋形势下中低层切变线和副热带高压南侧偏南急流配合下产生的暴雨过程，梅雨锋西段主要位于黔南州中部以东地区，该地区暴雨站次多且降水量大。20220619 长顺县大暴雨是在高空槽和中低层切变线的配合下产生的，中低层急流的位置离黔南州较远，暴雨范围小、量级小。

滑坡点降水量和阈值不同，三都县 20210620 过程是在连续晴好天气之后出现大范围的暴雨，滑坡点附近最大累计降水量 227.5 mm，最大小时降水量 77.1 mm，滑坡发生在最大小时降水量出现后 1 h。长顺县 20220619 过程是滑坡点连续 3 d 降雨，临近前 1 d 是暴雨，加上当日 117.3 mm 的降雨，最大小时降水量 58.1 mm，滑坡发生在最大小时降水量之后的 2 h。

在大尺度环流影响下，中小尺度天气系统的演变对暴雨的落区有指示意义。在短临业务中，利用实时的风场资料分析滚动跟踪系统的演变。在两次暴雨过程中，地面风场中地面辐合线演变不同，三都县 20210620 过程 850 hPa 切变线自北向南移动，北风风力强于南风，地面辐合线自北向南移动，暴雨落区在地面辐合线附近及以北区域。长顺县 20220619 过程 850 hPa 切变线位置在贵州北部，夜间南风增强北抬，急流位置在广西南部到广东，长顺境内地面辐合线由南向北略有北抬，暴雨落区在地面辐合线由南向北移动的区域及辐合线北部。

参考文献

[1] 李宇梅，杨寅，狄靖月，等．全国地质灾害风险精细化网络预报及其应用[J]．气象，2020，46(10)：1310-1318.

[2] 杨竹云，李华宏，胡娟，等．昭通市地质灾害特征及气象风险预警模型研究[J]．云南大学学报(自然科学版)，2019，41(4)：753-764.

[3] 井书文，方林，关健．河南省汛期地质灾害气象预警技术研究[J]．地质灾害与环境保护，2017，28(3)：101-104.

[4] 纪晓玲，杨婧，朱海斌，等．宁夏西吉两次诱发地质灾害的极值暴雨对比分析[J]．灾害学，2016，31(4)：54-60.

[5] 马秀梅，刘晓燕，代青措，等．局部高强度降雨的地质灾害特征分析[J]．灾害学，2019，34(1)：38-41.

[6] 巨玉文，齐琼，董震，等．山西西部地区黄土地质灾害与降雨的关联性分析[J]，自然灾害学报，2016，25(1)：81-87.

[7] 霍芳，钟飞，杨帆，等．市级地质灾害气象风险精细化预警预报系统设计与应用[J]．资源环境与工程，2023，37(3)：344-349.

[8] 陈晓清，崔鹏，唐邦兴，等．峨眉山 5.2 崩塌灾害及防治措施[J]．灾害学，2006，21(3)：41-46.

[9] 杨侃，纪晓玲，毛璐，等．贺兰山两次特大致洪暴雨的数值模拟与地形学影响对比[J]．干旱气象，2020，38(4)：581-590.

黔南州惠水县特大暴雨中尺度分析

唐红忠 莫乙冬 赵 杰 黄麟媛 黄宝佳
(黔南州气象局,都匀,558000)

摘 要:2022 年 5 月 29 日夜间到 30 日凌晨,黔南州出现暴雨过程,惠水县出现特大暴雨,利用 MICAPS 资料、美国国家环境预报中心(NCEP)/美国国家大气研究中心(NCAR)2.5°×2.5°再分析资料、黔南州区域自动气象站资料对暴雨过程进行分析,结果表明,此次暴雨过程是 500 hPa、中低层切变线、西南暖湿气流和冷空气共同影响造成的。受地形影响,冷空气在惠水县北部形成风场辐合,冷空气在爬山过程由于地形的抬升作用降雨增幅明显。从卫星云图上反映云团在贵阳南部到长顺、惠水一带发展为 β 中尺度的 MCS(中尺度对流系统),稳定维持 3 h,导致特大暴雨发生。

关键词:特大暴雨,地形,中尺度分析

引言

暴雨是贵州主要的灾害性天气之一,初夏导致贵州暴雨的天气系统主要有低涡切变线、中低层切变线和地面辐合线等系统,在西南气流的配合下,常导致暴雨发生。黔南州位于贵州省南部,境内山体高大,海拔高度由北向南逐步降低,黔南州中部有东西向苗岭山脉横亘,最高海拔 1961 m,南部罗甸红水河海拔 242 m。受地形影响,黔南州暴雨局地性强且分布不均,苗岭山脉南部暴雨多于北部。因此有必要对暴雨过程中地形条件进行详细分析。吴庆梅等[1]指出地形辐合切变线为北京西城区强对流提供强有力的扰动源。郭虎等[2]指出,地形造成的风场辐合及迎风坡辐合抬升作用对暴雨的形成有重要影响。不少专家[3-11]对贵州初夏暴雨形成机理、辐合线锋生暴雨、暴雨产生的中小尺度进行研究,研究结果表明,地形抬升作用对雨强有增强作用,地面风场辐合加剧垂直运动发展,风场辐合出现时间基本提前强降水时间。上坡及喇叭口效应导致水流沿山体辐合上升,山体导致山前低值系统移动缓慢,增大降水强度。

2022 年 5 月 29 日夜间,黔南州出现大范围暴雨过程,在黔南州西部的惠水县出现特大暴雨,小时降水量跃居贵州省第一。通过对产生暴雨的影响系统、地面风场演变、卫星云图演变的分析,揭示暴雨过程发生的机理和地形对降雨的增幅作用,以期对黔南州暴雨研究提供参考。

1 资料说明及降水概况

1.1 资料说明

选取黔南州区域自动气象站观测资料、欧洲中期天气预报中心天气实况、NCEP/NCAR

2.5°×2.5°再分析资料。地面流场及高空物理量由 NCEP/NCAR 2.5°×2.5°再分析资料计算得到。

1.2 降水概况

2022 年 5 月 29 日 14 时—30 日 08 时，黔南州出现暴雨过程，黔南州 11 个县(市)出现暴雨，其中惠水县北部出现 2 站特大暴雨，最大是惠水高镇 290.6 mm，其次是惠水长田 200.5 mm，强降水主要时段是 29 日 21 时—30 日 03 时，最大小时降水量 167.0 mm(惠水高镇 29 日 22—23 时)，打破贵州省小时降水量纪录(图 1)。

降水过程特点一是暴雨范围广，黔南州除瓮安县外，其余 11 个县出现暴雨；二是降水效率高，云团稳定少动，惠水县高镇站 2 h 累计降水量 251.9 mm；三是持续时间长，降水从西部的长顺、惠水到黔南州东南部的荔波结束，时间长达 10 h。

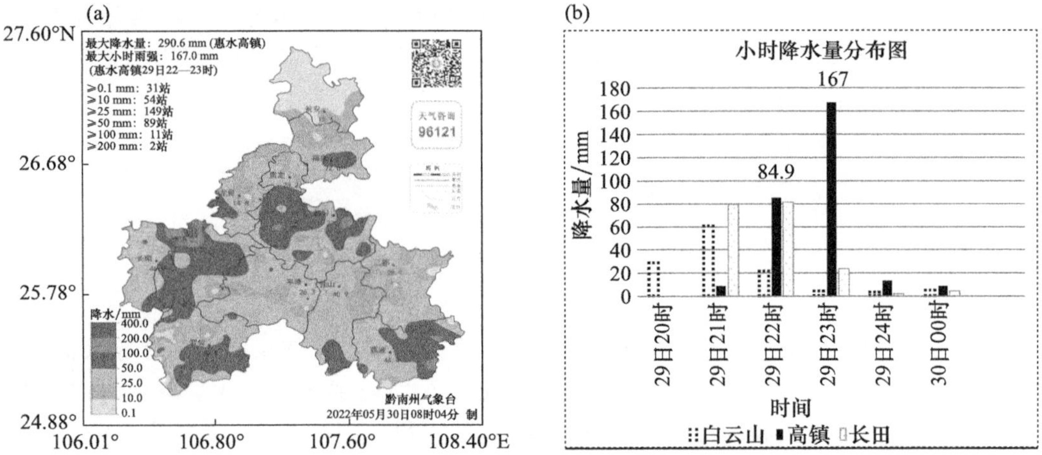

图 1　2022 年 5 月 29 日 08 时—30 日 08 时降水量(a)和小时降水量(b)分布图(见彩图 3)

2 天气背景分析

2.1 大尺度环流形势分析

2022 年 5 月 29 日 08 时(图 2a)，500 hPa 在四川有高空槽，贵州受偏西风影响，700 hPa 切变线位于四川南部，西南风急流从贵州到长江中下游，贵阳站西南风 12 $m \cdot s^{-1}$，850 hPa 切变线位于贵州北部，广西到湖南有急流建立，贵州位于急流左侧，贵阳站西南风 12 $m \cdot s^{-1}$。

29 日 20 时(图 2b)，500 hPa 在四川的高空槽维持少动，贵州西南风影响，700 hPa 切变线南压到贵州北部到西北部，贵阳站南风 2 $m \cdot s^{-1}$，广西、湖南维持西南风，广西境内风速 6～8 $m \cdot s^{-1}$。850 hPa 切变线南压到黔南州境内，贵阳转为西北风，河池仍然维持南风，广西境内风速 8 $m \cdot s^{-1}$。

地面图上，29 日 08 时 1005 hPa 位于四川省北部，29 日 20 时 1005 hPa 进入贵州省北部，29 日 23 时(图 3a)1005 hPa 南压到贵州省南部，表明 29 日傍晚有冷空气从青藏高原由西北路径进入贵州。20 时有冷暖气团在贵阳到黔南州长顺、惠水一带交汇。冷空气影响黔南州时间从 29 日 20 时开始持续到 30 日凌晨，这段时间正是黔南州强降水出现的时间。

地面辐合线演变(图 3b)，29 日 14 时地面辐合线进入黔南州北部，20—23 时稳定维持在黔南州中部一线，特别是辐合线西段稳定维持在长顺、惠水一线。从地面风场显示，20 时贵阳转为北风，贵阳南部的长顺、惠水仍然持续南风，风场辐合区在贵阳到黔南州中部一线，20 时强降水中心在贵阳市南部，21 时雨带南压到长顺北部和惠水北部，这与王芬等[6]总结的风场辐合出现时间早于强降水时间的研究吻合。30 日 02 时地面辐合线南压到黔南州南部边缘，降雨逐渐减弱。

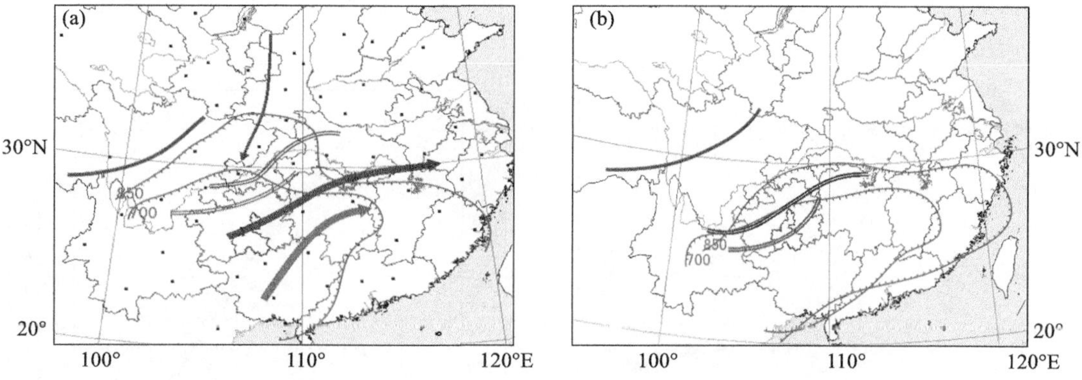

图 2　2022 年 5 月 29 日 08 时(a)和 20 时(b)中分析天气系统配置图(见彩图 4)

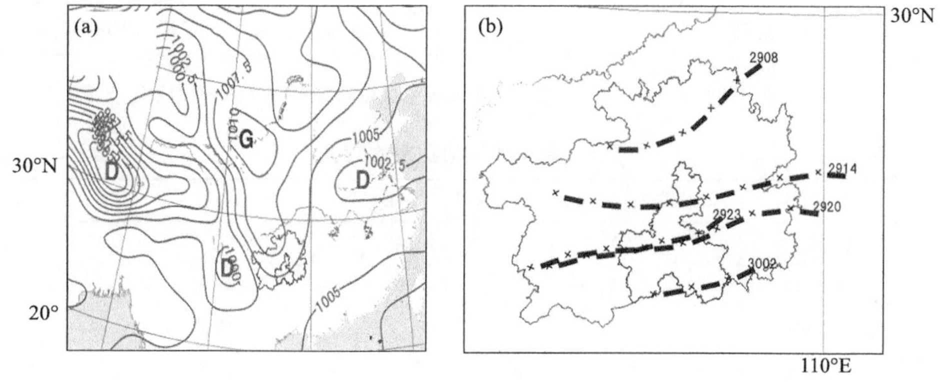

图 3　2022 年 5 月 29 日 23 时地面图(a)和辐合线动态图(b)

2.2　环境场分析

选取黔南州北部的贵阳站和南部的河池站的探空资料分析，28 日贵阳(图 4a)和河池(图 4b)的湿层深厚，从地面延伸到 400 hPa，表明暴雨发生前黔南州地区有水汽和能量储备。29 日 08 时贵阳湿层高度到 700 hPa，700 hPa 以上为干层，地面到 600 hPa 盛行西南风，600 hPa 以上西风，0 ℃层高度 4900 m，表明中低层暖湿空气明显。CAPE 值 610.4 J·kg^{-1}，K 指数 41.6 ℃，SI 指数−4.9 ℃，具有一定的不稳定能量和不稳定发展的潜势条件。

28 日 20 时贵阳湿层高度 550 hPa，550 hPa 以上为干层，400～300 hPa 为湿层，呈现“中间干上下湿”的层结结构。700 hPa 以下风随高度逆转有冷平流，700 hPa 以上风随高度顺转有暖平流，29 日 20 时贵阳降雨，CAPE 下降到 325 J·kg^{-1}，K 指数 37.1 ℃，SI 指数 0.91 ℃，是稳定的层结结构。

河池 29 日 08 时湿层维持在近地面，CAPE 值 692.5 J·kg^{-1}，K 指数 33.0 ℃，SI 指数 1.21 ℃，地面到 500 hPa 风随高度顺转有暖平流。20 时湿层高度 700 hPa，CAPE 值增大到 1431.4 J·kg^{-1}，K 指数 38.0 ℃，SI 指数－1.04 ℃，近地面到 500 hPa 风随高度顺转有暖平流。

由贵阳和河池探空资料分析，29 日白天是增温过程，能量好，白天 SI 指数贵阳由负值到正值，河池由正值到负值，表明 29 日白天黔南州境内不稳定度增加，在夜间黔南州南部不稳定潜势增加的趋势（表 1）。结合 20 时切变线和地面辐合线的位置，黔南州境内不稳定能量的释放由北向南顺序触发。

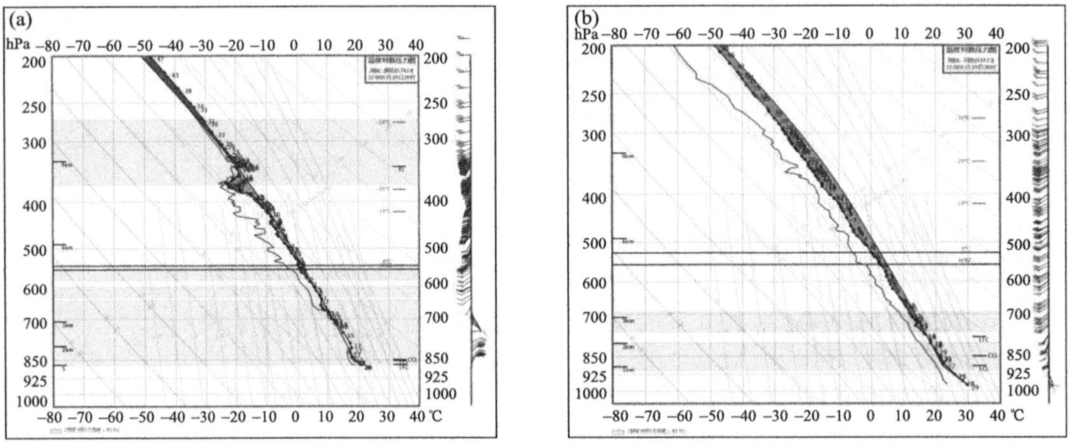

图 4　2022 年 5 月 29 日 20 时贵阳站（a）和河池站（b）$T-\ln P$ 图

表 1　贵阳和河池探空物理量

站点	时间	湿层高度/hPa	CAPE/(J·kg^{-1})	K/℃	SI/℃
贵阳	29 日 08 时	700	610.4	41.6	－4.90
贵阳	29 日 20 时	550	325.0	37.1	0.91
河池	29 日 08 时	750	692.5	33.0	1.21
河池	29 日 20 时	700	1431.4	38.0	－1.04

2.3　物理量分析

2.3.1　假相当位温

假相当位温是表征大气温湿特征的物理量，位温高值区代表高温高湿区即高能区，研究表明，假相当位温大值区易导致暴雨发生。在暴雨发生前的 28 日 20 时（图 5a），贵州省境内假相当位温 345～360 K，29 日 08—14 时（图 5b），假相当位温大值区位于云南省到贵州省西部，29 日下午到夜间，能量大值区向东延伸，29 日 20 时（图 5c）360 K 线进入黔南州中西部，表明 29 日白天高能高湿的环境一直发展，黔南州西部的假相当位温数值大于州内其他地区。30 日 08 时黔南州境内假相当位温减小。28—29 日白天的高温高湿蓄积的不稳定能量释放是导致暴雨发生的有利条件。

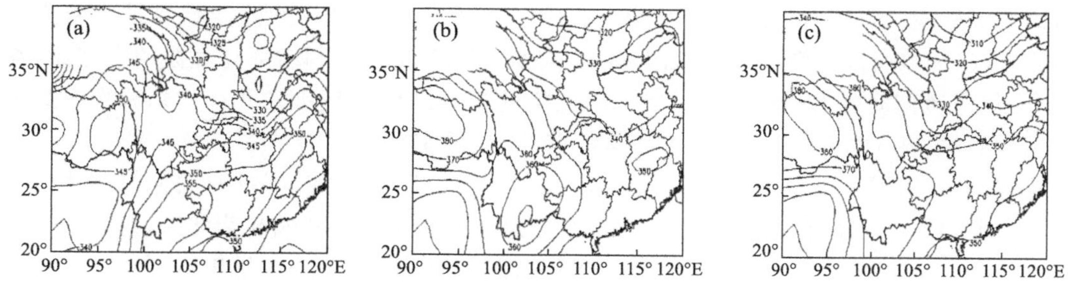

图 5 2022 年 5 月 29 日假相当位温分布图(线条,单位:K)

(a)08 时;(b)14 时;(c)20 时

2.3.2 上升运动条件

垂直速度是表征某地空气上升运动的物理量,上升运动使空气绝热冷却达到饱和,并将水汽向上输送到一定的高度后水滴凝结降落。沿长顺、惠水大暴雨区域(107°E、26°N)做垂直剖面,由图 6 可知,暴雨发生前的 28 日夜间到 29 日 08 时,水汽垂直运动弱,最大中心速度$-0.15\ Pa \cdot s^{-1}$,29 日 14 时前后水汽垂直运动最为强烈,最大中心速度位于 400 hPa,达到$-0.35\ Pa \cdot s^{-1}$,29 日 20—23 时,上升运动逐渐减弱,中心从 400 hPa 下降到 700 hPa,中心最大值$-0.1\ Pa \cdot s^{-1}$。表明 29 日中午长顺、惠水上空空气运动激烈,对流云上升云顶高,20—23 时上升运动由强减弱的时段正是长顺、惠水强降水的时段,29 日 23 时—30 日 08 时上升运动不明显,对应两地降水以小降水量级为主。

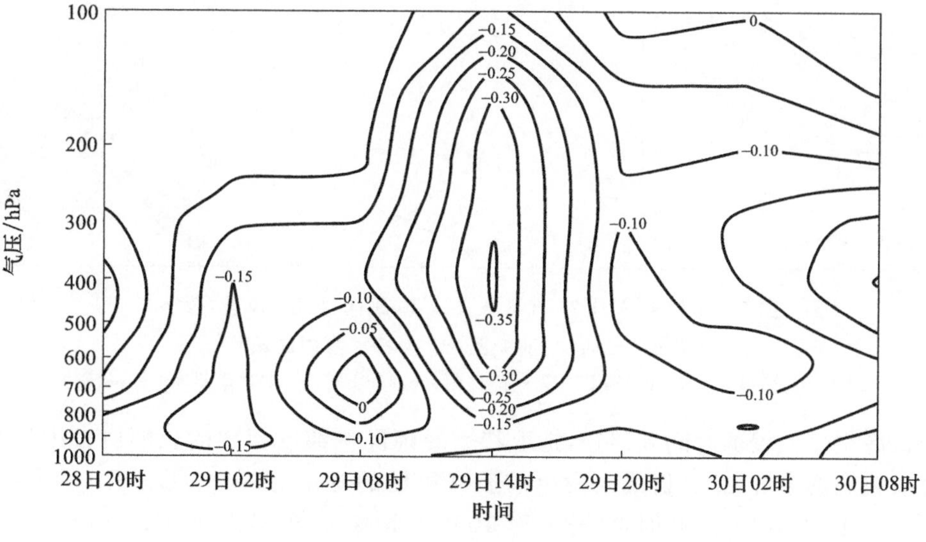

图 6 2022 年 5 月 28—30 日大暴雨区域垂直速度(线条,单位:$Pa \cdot s^{-1}$)剖面图

2.4 中小尺度风场和气压场分析

大尺度环流背景和环境场为暴雨的发生提供有利的环境场条件,地形导致的中小尺度系统是暴雨触发的关键因素,地形是导致中小尺度发生发展的主要因素。为此,对特大暴雨发生的惠水县北部的地形地貌及风场(图 7)、气压场等要素结合降雨情况(表 2)进行细致分析。

惠水县地形呈现西部低、中部高、东南部低的特点。惠水县西南部经县城(惠水站)到东北部高镇长田呈现一条相对低的沟渠形状(图 7f)。为便于分析风场的演变趋势结合特大暴雨发生的区域,选取西部低海拔的惠水国家级气象站(海拔 960 m)和中部高海拔的宁旺站(海拔 1100 m)作为风向演变的指标站。特大暴雨发生的高镇站位于惠水站北部 6 km,宁旺站位于惠水站东部,距离 34 km,宁旺站位于高镇站东部,距离 39 km。

从 29 日夜间 10 min 风场演变看(图 7a～图 7e),29 日 19 时 20 分之前惠水县境内盛夏偏南风,19 时 30 分惠水站首先转北风,21 时 10 分惠水站南部的好花站转为北风,惠水站以东的站点持续西南风,冷空气入侵路径从惠水县西北部开始。从 19 时 30 分开始惠水站与摆金站之间开始持续风场辐合,这样的情况一直持续到 23 时 20 分,23 时 30 分惠水县境内转为偏北风。

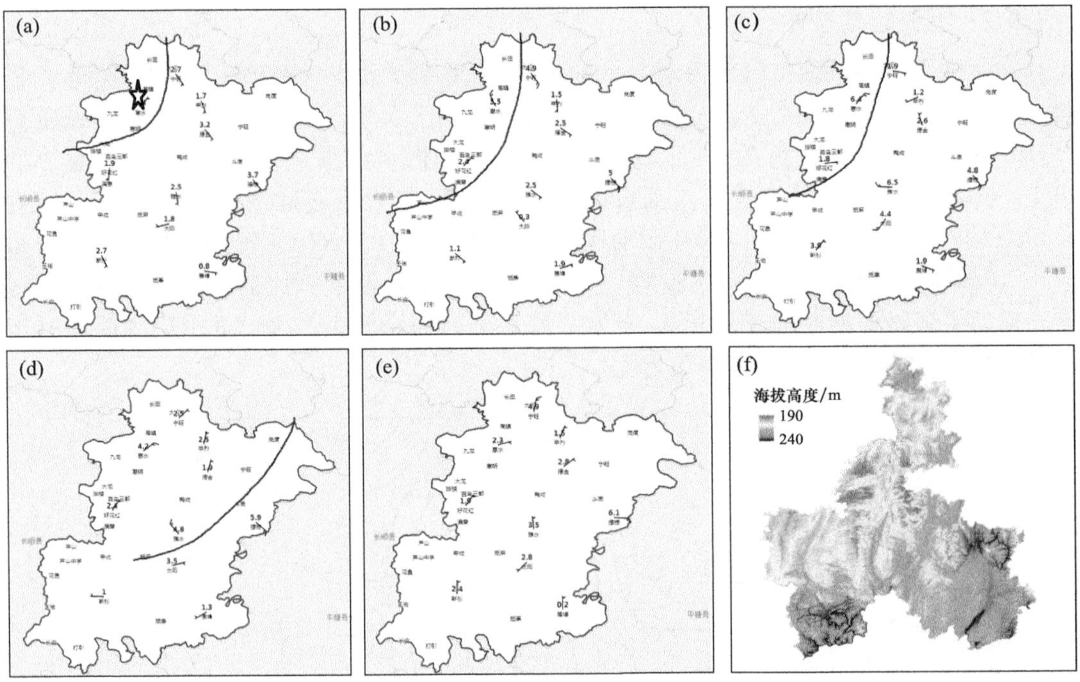

图 7　2022 年 5 月 29 日惠水县风场(风向:风羽;风速:数字,单位:m·s^{-1})演变图(☆ 为特大暴雨区域)

(a)19 时 40 分;(b)21 时;(c)22 时 30 分;(d)23 时;(e)23 时 20 分;(f)黔南州地形图(见彩图 5)

为分析冷空气入侵的时间和路径,选取特大暴雨同一纬度西部的长顺白云山站和惠水站及东部海拔较高的宁旺站,分析暴雨发生前后气压场的变化,白云山站气压 14 时到 19 时 10 分在 1000.7～1002.0 hPa,19 时 20 分升至 1002.2 hPa,20 时升至 1004.5 hPa。惠水站气压 14 时到 19 时 20 分在 997.9～999.2 hPa,19 时 30 分升至 1000.2 hPa,20 时升至 1001.4 hPa。14—20 时宁旺站气压数值在 997.1～999.3 hPa,21 时气压数值升至 1000.4 hPa,22 时升至 1006.7 hPa。从气压值的变化表明特大暴雨区域西部的白云山站先受到冷空气影响,然后是惠水站,1 h 之后冷空气才爬坡上升到宁旺站。19—20 时白云山站强降雨开始出现,其次是惠水县长田站 20 时开始强降水出现,长田站南部的高镇站 21 时开始,高镇站南部的惠水站 21 时开始。降雨发生的时间与冷空气影响时间相一致。

结合风场和气压场分析,冷空气从青藏高原南下由西北路径首先影响黔南州西部长顺县,其次是相邻的惠水县。19 时 30 分冷空气进入惠水县西部的惠水站和好花红站，冷空气向南移动过程中，受到相对海拔较高的南北向山体阻挡，冷气团在山前堆积，表现在惠水站和宁旺站之间有偏北风和偏南风形成的地面辐合线长时间滞留。南风从 29 日白天一直盛行，29 日 20—23 时南风由惠水西南部通过西部低海拔通道向惠水县西北部输送暖湿空气，此时冷气团在长田、高镇、惠水县城滞留，冷暖气团长时间的对峙导致惠水西北部特大暴雨发生。23 时之后冷空气越过县中部山脉继续向南推进，县西北部降雨减弱，雨区向南推进，强度逐渐减弱。

表 2 小时降水量 单位：mm

站名	29 日 19—20 时	29 日 20—21 时	29 日 21—22 时	29 日 22—23 时	29 日 23—00 时	30 日 00—01 时
长顺白云山	27.9	60.9	21.1	3.2	4.1	4.5
惠水长田	1.4	78.8	81.1	23.4	2.1	4.9
惠水高镇	0.0	8.4	84.9	167.0	13.4	9.3
惠水县城	0.0	0.1	26.8	83.6	7.4	4.6

3 中尺度对流系统的演变特征

中尺度对流系统（MCS）是造成暴雨的主要系统之一，其生命史只有数小时到十几个小时，用常规资料很难监测其变化，卫星云图是捕捉和识别中尺度对流系统的有效工具。

从红外云图连续演变分析（图 8），5 月 29 日 14 时 30 分在贵州毕节有局地对流云团初生，之后云团呈现东西长条形形状缓慢向东南方向移动，18—19 时云团位于贵阳，造成贵阳强降水。19 时有冷空气侵入贵阳地区，此时地面辐合线在贵阳一带，辐合线对应的云团发展，呈现南北方向扩展，20 时云团发展为 β 中尺度的 MCS，云团南部南压进黔南州西部，黔南州西部的

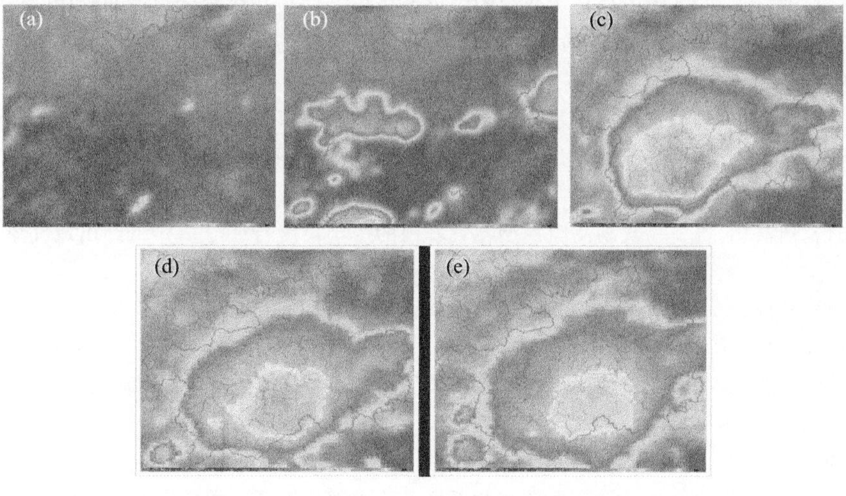

图 8 2022 年 5 月 29 日 FY-2E 红外云图 TBB（填色，单位：K）演变（见彩图 6）

（a）14 时 30 分；（b）17 时 00 分；（c）22 时 00 分；（d）23 时 00 分；（e）00 时 00 分

长顺县开始降雨。21—23 时 MCS 在长顺、惠水稳定维持，地面对应辐合线长时间维持，造成长顺大暴雨和惠水县北部特大暴雨，30 日 01 时之后缓慢向东南方向移出长顺和惠水，长顺和惠水降雨减弱，以小降水量级为主。

4 结论与讨论

黔南州发生暴雨过程是高空槽、中低层切变线、西南暖湿气流和地面辐合线共同影响下导致。通过探空资料分析，暴雨发生前的 28 日黔南州是高温高湿的状态，29 日 08 时贵阳站 CAPE 值 610.4 $J \cdot kg^{-1}$，K 指数 41.6 ℃，SI 指数−4.90 ℃，29 日 20 时河池 CAPE 值 1431.4 $J \cdot kg^{-1}$，K 指数 38.0 ℃，SI 指数−1.04 ℃。

通过对假相当位温和垂直速度分析，在暴雨发生前黔南州假相当位温 345～360 K，发生特大暴雨的长顺、惠水假相当位温大于黔南州内其他地区。垂直速度旺盛时期是 29 日中午前后，中心最大值达到−0.35 $Pa \cdot s^{-1}$暴雨发生在垂直速度由高到低的阶段。

对发生特大暴雨的惠水县风场和气压场叠加地形开展中小尺度分析，由于地形影响，冷空气进入惠水县东北部后，受到惠水县中部南北向山体阻挡，冷空气山前堆积，表现为在惠水县长田到惠水县城与宁旺站点之间有近 4 h 的风场辐合区维持，暴雨发生在辐合区形成之后的 2～3 h。在今后的暴雨过程中，可以利用风场和气压场的演变，为短临天气预报提供参考。

利用卫星云图进行分析，在地面辐合线上空云团发展为 β 中尺度的 MCS，长时间稳定维持导致特大暴雨发生。MCS 发展加强对应的区域就是导致暴雨发生的中心区域。

参考文献

[1] 吴庆梅，杨波，王国荣，等．北京地形和热岛效应对一次中尺度暴雨的作用[J]．气象，2012，38(2)：174-181.

[2] 郭虎，段丽，杨波，等．0607 香山局地大暴雨的中尺度分析[J]．应用气象学报，2008，19(3)：265-275.

[3] 杜小玲，杨静，彭芳，等．贵州望谟初夏暴雨环境场和物理量场合成分析[J]．高原气象，2013，32(5)：1400-1413.

[4] 吉廷艳，彭芳，周后福，等．贵州典型暴雨地形影响的数值模拟[J]．安徽农业科学，2014，42(1)：176-178.

[5] 杨秀庄，杜小玲，吴古会，等．云贵高原东段初夏辐合线锋生型暴雨研究[J]．高原气象，2012，38(2)：174-181.

[6] 王芬，孟庆怡，唐浩鹏，等．一次副高阻挡型特大暴雨的中小尺度特征[J]．中低纬山地气象，2021，45(3)：1-8.

[7] 张祝，茅海洋，杨群．2018-7-5 梵净山东侧局地大暴雨的雷达回波特征及地形作用分析[J]．中低纬山地气象，2021，45(5)：49-55.

[8] 李明，张涛，魏杰平．2008 年初夏孝感一次大暴雨天气过程的分析和诊断[J]．暴雨灾害，2008，28(1)：51-57.

[9] 杨侃，纪小玲，毛璐，等．贺兰山两次特大致洪暴雨的数值模拟与地形影响对比[J]．干旱气象，2020，38(4)：581-590.

[10] 藤林，安海全，贺德军，等．一次地形加强贵州暖区暴雨成因分析[J]．中低纬山地气象，2018，42(1)：11-18.

[11] 赵强，王建鹏，王楠，等．2012 年夏季秦巴山区暴雨过程的地形作用诊断[J]．气象科技，2017，45(1)：140-149.

基于卷积神经网络的黔南州地区分级降水订正

赵 杰 莫乙冬 陈 杨 唐红忠 潘启学

(贵州省黔南州气象局,都匀,558000)

摘 要:目前欧洲中期天气预报中心(ECMWF)模式对于形势的预测较为准确,但是对于未来 24 h 降水量级的预报仍有待提升,黔南州对于 ECMWF 模式降水的订正仍处于主观订正阶段。利用 2020—2021 年暴雨个例的降水量观测资料与 ECMWF 模式预报资料,采用卷积神经网络算法训练和建立未来 24 h 分级降水订正模型,对黔南州地区未来 24 h 分级降水进行订正。结果显示:模型订正后验证集预报准确率较高;进行个例验证时,在晴雨、分级方面,模型订正的效果优于 ECMWF 产品。大雨以上量级,模型订正产品的 TS 评分明显高于 ECMWF产品,模型订正产品的主要作用体现在大雨以上量级,证明利用卷积神经网络算法订正分级降水是一个十分可行的方案。

关键词:卷积神经网络,分级降水,黔南州

引言

卷积神经网络(CNN)是机器学习的代表算法之一,是一种前馈神经网络,它的人工神经元可以响应一部分覆盖范围内的周围单元,对于大型图像处理有出色表现。近两年机器学习开始在气象行业中应用,卷积神经网络算法在逐小时的降雨预报订正[1]、能见度估计[2]、有效致灾雷电分布[3]及雷电临近预警[4]、飑线[5]及阵风锋[6]识别等方面均有较好的表现。贵州地区对于降雨的研究大多以个例研究为主[7-9],机器学习应用较少,近年来贵州省气象局利用机器学习对降雨、气温等开展了逐时的订正研究,并在全国气象部门客观预报方法中取得了较好的成绩,但没有采用卷积神经网络算法对未来 24 h 的分级降水预报进行订正。本文拟采用卷积神经网络算法对黔南州地区分级降水预报进行订正,初步建立黔南州地区未来 24 h 分级降水的订正模型,为贵州的分级降水订正提供新的思路。

1 资料与方法

本订正方法主要针对黔南州地区汛期降雨,实况资料采用黔南州境内自动气象站降水量数据,具体空间范围为 106.125°—108.375°E;25.000°—27.625°N,预报资料采用 ECMWF 模式提供的细网格产品,空间分辨率为 0.125°×0.125°,时间分辨率为 3 h。训练数据选取 2020—2021 年的典型暴雨过程。采用线性插值将黔南州境内自动气象站降水量数据、ECMWF 模式细网格产品、贵州省地形高程数据插值为格点数据,目标分辨率为 0.125°×0.125°。

卷积神经网络的基本结构主要由输入层、卷积层、池化层、全连接层以及输出层构成,在卷

积层中对输入的图形进行卷积操作，卷积就是图像的边缘特征检测，通过底层的卷积操作提取出各种要素的低级边界特征，通过更高层的卷积提取出更高级的特征。将这些特征输入全连接层，通过舍弃操作防止过拟合，最后输出最终的结果。采用 TS 评分来验证不同量级订正结果的准确性。

2 订正方案

2.1 数据预处理

模式预报的物理量格点场与普通的图像数据相似，物理量的种类与层次可类比于图像数据中的“通道”概念[1]。针对每一个格点，以该格点为中心，截取周围 40×40 个格点未来 24 h 逐 3 h 的风、湿度、气温等预报场以及地形格点数据作为输入变量，该格点的 24 h 实况降水量作为与之对应的结果，以每个格点的这种预报一实况对作为模型训练的数据集。采用 2020—2021 年典型暴雨过程的历史数据作为模型训练数据，将数据分为无雨、小雨、中雨、大雨、暴雨(及以上)5 个等级，通过观察发现数据集中各个量级的样本数存在着不均衡性，因此对不同量级的降雨进行随机性处理，得到大致相当的样本数(表 1)。将得到的样本集分为训练测试集、验证集，其中验证集占总样本的 30%，训练测试集占 70%，训练过程中采用交叉验证，每次训练随机从训练测试集中选出 70%的数据作为训练集，30%的数据作为测试集，验证集中的数据不参与训练，多轮训练结束后选取验证集准确率最高的一轮训练结果作为最优的训练模型。

表 1 2020—2021 年不同等级降雨样本数 单位：个

降雨类型	无雨	小雨	中雨	大雨	暴雨以上(含暴雨)	总计
训练测试集	473	3250	1560	1174	390	6847
验证集	204	1393	669	504	168	2938

2.2 卷积神经网络模型设计

采用的订正模型为经典的卷积神经网络拓扑结构——Alexnet 结构(图 1)。该结构共有 5 层卷积层，卷积核大小均为 3×3，前 2 层采用批标准化处理及最大池化操作，对数据进行标准化处理并提取主要特征，后 3 层卷积对提取到的特征进行进一步处理，并在最后进行最大池化操作进行特征提取。卷积层后接 2 层全连接层，神经元均为 2048 个，为了防止出现过拟合，在

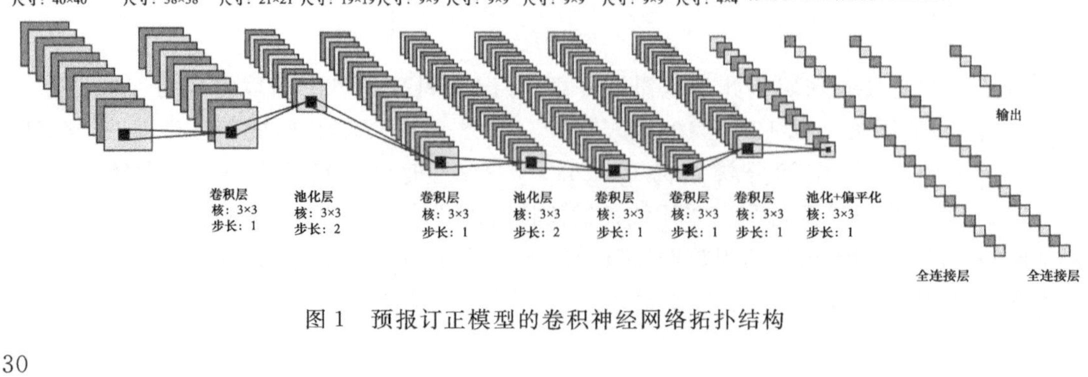

图 1 预报订正模型的卷积神经网络拓扑结构

全连接层加入随机失活层(Dropout)。为了加快收敛速度并防止出现梯度消失,整个模型采用Relu激活函数,最后由soft max函数进行各个量级的概率分布回归,以最大概率的降水量级作为输出结果。模型损失函数为交叉熵损失函数(Cross Entropy Loss)。

3 订正结果

3.1 训练结果分析

从30轮的训练过程来看(图2a),随着训练轮数的增加,训练集的准确率由85%增加至98%左右,验证集的准确率基本保持在70%~75%,训练第5轮时,验证集的准确率达到最大73%,随着训练轮数的增加,准确率略有起伏,但整体为下降趋势。30轮训练结束,将自动选取第5轮训练模型参数为最终结果,得到分级降水的订正模型。从订正模型的验证结果来看(图2b),预报准确率较高,验证集的小雨TS评分为0.695,中雨TS评分为0.419,大雨TS评分为0.409,暴雨TS评分为0.396,验证集整体的晴雨TS评分为0.951,分级降水TS评分为0.680。

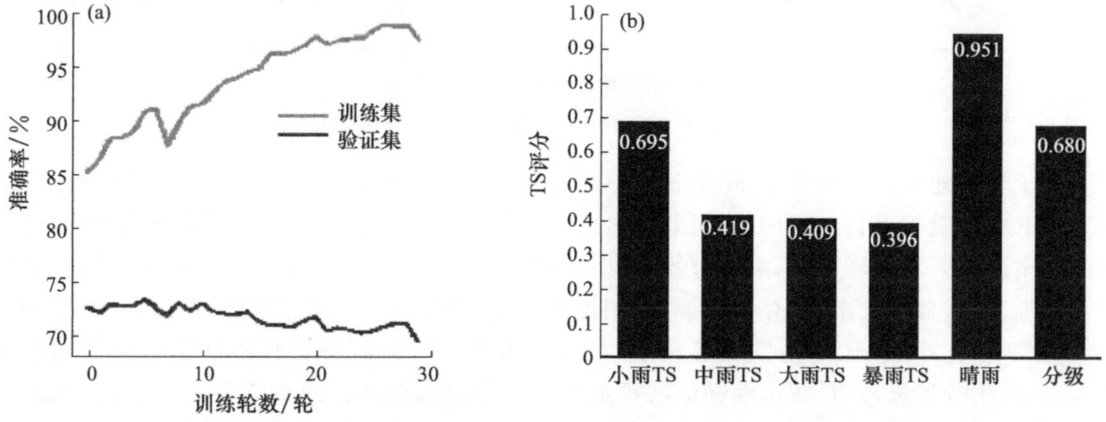

图2 模型训练过程中训练集与验证集的准确率变化(a)和TS评分(b)

3.2 个例应用分析

为了更好地检验该训练模型的准确率,选取样本集以外的8次较强降水过程(表2)来检验该训练模型的订正效果,得到各个量级、晴雨及分级的TS评分(图3)。从图3可以看出,小降水量级(图3a),除了第7次过程外,其余过程模型订正后TS评分均高于ECMWF模式,第3次和第5次过程订正效果更明显,TS评分各增加了0.29和0.26;中降水量级(图3b),除第4次、第5次、第6次过程,其余过程模型订正后TS评分均高于ECMWF模式,第3次过程订正效果最明显,TS评分增加了0.05;大降水量级(图3c),除第3次过程外,其余过程模型订正后TS评分均高于ECMWF模式,第2次过程订正效果最明显,TS评分增加了0.24;暴雨以上量级(图3d),8次过程ECMWF模式TS评分均为0,经过模型订正之后,第2次和第4次过程对暴雨过程有一定的体现。总的来看,晴雨TS评分(图3e)ECMWF模式和模型订正后的结果相差不大,原因可能是因为采用降雨过程来检验订正结果,实况黔南州基本都有小雨以上量级,两者晴雨评分均比较高,导致差距不大。从分级降水的TS评分(图3f)来看,除了第7次过程外,模型订正后基本都优于 ECMWF 模式，以第 2 次、第 3 次及第 5 次过程订正效果更为明显。

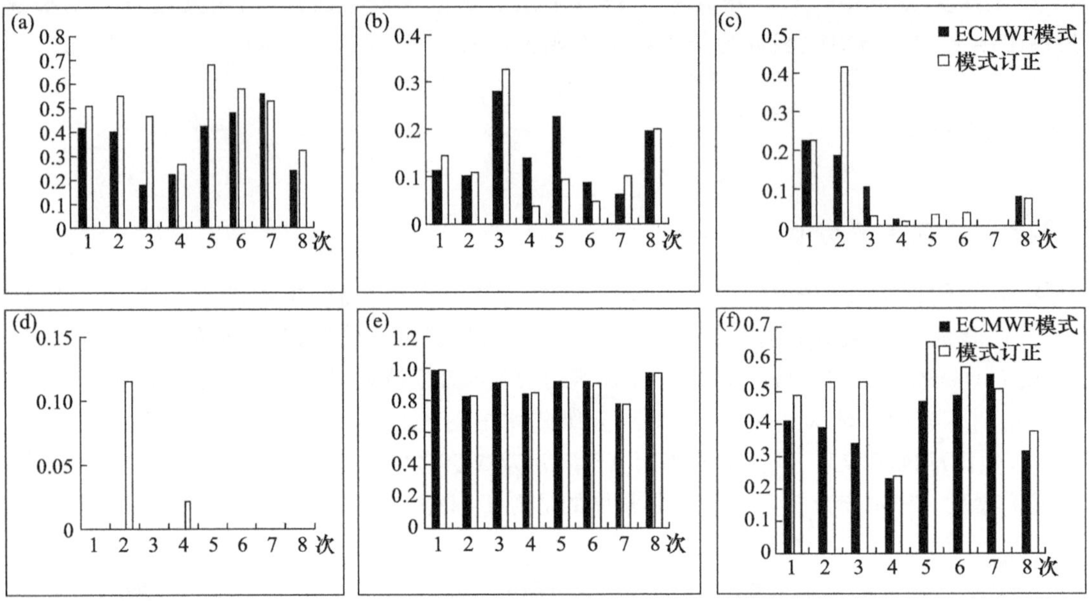

图 3　样本集外 8 次过程 TS 评分

(a)小雨；(b)中雨；(c)大雨；(d)暴雨及以上；(e)晴雨；(f)分级

为了更好地从正反两个方面看出模型的订正效果，分析了第 2 次、第 7 次过程的实况，ECMWF 模式及模型订正后的落区图(图 4)。从图 4 可以看出，6 月 1 日过程实况(图 4a)在黔南州南部地区出现降雨，东南部有暴雨，中北部地区降雨不明显，ECMWF 模式(图 4c)预报除北部地区外，普降大雨，没有预报暴雨，相比实况量级偏弱，大雨范围明显偏大，经过模型订正后(图 4b)中雨和大雨的范围明显调小，尤其是大雨的落区范围只预报在黔南州东南部地区，与实况十分接近，并且在东南部地区预报出了暴雨量级降水。总的来说，此次订正无论是量级还是落区的调整，均十分接近实况。再看 7 月 28 日过程，此次过程实况降雨(图 4d)主要出现在黔南州中部偏西地区，主要为中雨和大雨，ECMWF 模式预报的降雨(图 4f)主要出现在黔南州偏西偏南地区以及中部偏东地区，在惠水南部、罗甸北部以及都匀西南部地区的中雨均有所体现，反观模型订正后(图 4e)，中雨以上量级主要报在黔南州东南部、北部地区，落区出现了较为明显的偏差。故此次订正效果较差。

表 2　个例应用分析中个例对应时间

编号	起报时间	降水时段
1	2020 年 3 月 1 日 20 时	3 月 2 日 20 时—3 日 20 时
2	2020 年 5 月 30 日 20 时	5 月 31 日 20 时—6 月 1 日 20 时
3	2020 年 5 月 29 日 20 时	5 月 30 日 20 时—31 日 20 时
4	2020 年 5 月 13 日 20 时	5 月 14 日 20 时—15 日 20 时
5	2021 年 7 月 20 日 20 时	7 月 21 日 20 时—22 日 20 时
6	2021 年 7 月 21 日 20 时	7 月 22 日 20 时—23 日 20 时
7	2021 年 7 月 26 日 20 时	7 月 27 日 20 时—28 日 20 时
8	2021 年 8 月 9 日 20 时	8 月 10 日 20 时—11 日 20 时

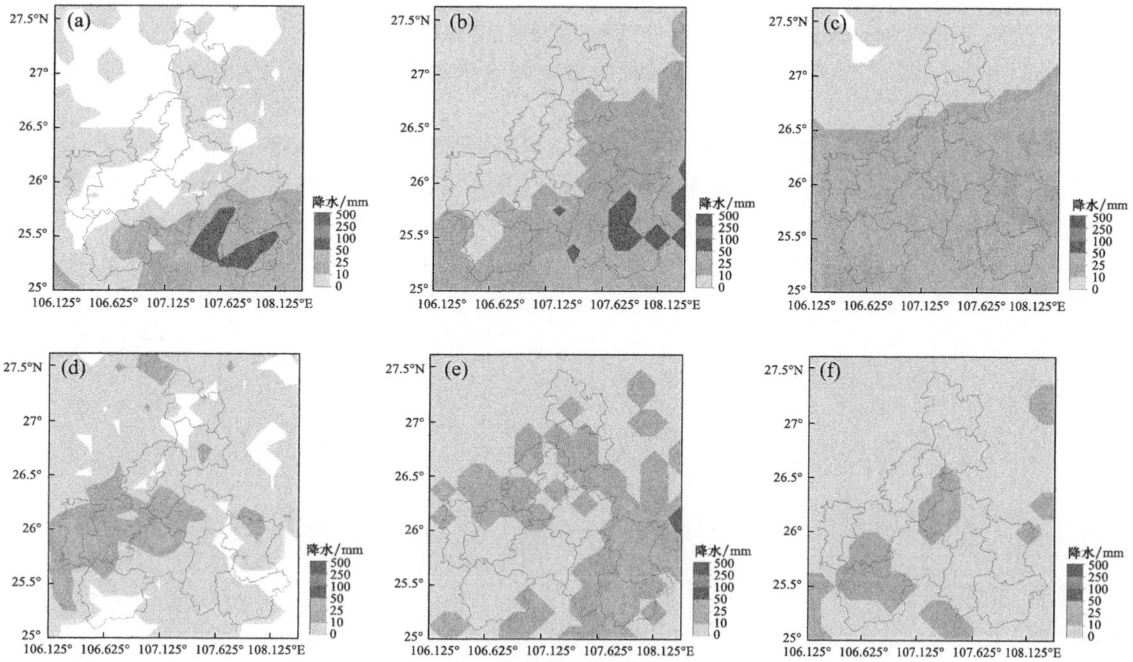

图 4 两次降水过程比较

(a)6 月 1 日实况；(b)6 月 1 日模式订正；(c)6 月 1 日 ECMWF 模式；
(d)7 月 28 日实况；(e)7 月 28 日模式订正；(f)7 月 28 日 ECMWF 模式

经过个例应用分析可以看出，模型订正相比 ECMWF 模式预报，分级降水总体有较好的订正效果，其中对大雨及暴雨的订正效果较为明显，对中雨的订正效果有待提升。

4　结论与讨论

从数据集中验证集的检验结果来看，模型订正后验证集预报准确率较高，分级降水 TS 评分达 0.68，其中大雨 TS 评分 0.409，中雨 TS 评分 0.396。

从个例验证来看，在晴雨、分级方面，模型订正的效果优于 ECMWF 产品。大雨以上量级，模型订正产品的 TS 评分明显高于 ECMWF 产品，模型订正产品的主要作用体现在大雨以上量级。

受机器条件限制，数据样本较少，虽然从个例上看仍有部分个例订正效果不理想，但是模型订正总体检验效果不错，说明卷积神经网络算法订正分级降水仍有不错的可行性，后续可以增加样本数量来增强训练效果。

参考文献

[1] 陈锦鹏，冯业荣，蒙伟光，等．基于卷积神经网络的逐时降水预报订正方法研究[J]．气象，2021，47(1)：60-70.

[2] 庞一然，宋光磊，郭鑫，等．基于卷积神经网络的能见度估计方法[J]．信息系统工程，2021(6)：15-16.

[3] 张烨方,刘冰,冯真祯,等. 基于遥感影像大数据、卷积神经网络的福建省有效致灾雷电分布模型及应用[J]. 气象科技,2021,49(6):953-959.
[4] 张烨方,冯真祯,刘冰. 基于卷积神经网络的雷电临近预警模型[J]. 气象,2021,47(3):373-380.
[5] 金子琪,王新敏,鲍艳松,等. 基于卷积神经网络的飑线识别算法[J]. 应用气象学报,2021,32(5):580-591.
[6] 徐月飞,赵放,毛程燕,等. 基于深度卷积神经网络的阵风锋识别算法[J]. 暴雨灾害,2020,39(1):81-88.
[7] 石艳,李天江,毛显后. 基于5a区域站的贵州致灾强降雨特征分析[J]. 贵州气象,2016,40(2):49-51,64.
[8] 唐红忠,赵杰,陈杨,等. 2020年6月贵州连续性暴雨成因分析[J]. 中低纬山地气象,2022,46(1):73-78.
[9] 杨群,胡萍,张李娟,等. 受两路冷空气共同影响下的铜仁暴雨特征分析[J]. 中低纬山地气象,2022,46(2):18-26.

第二部分 冰 雹

冰雹概述

冰雹是产生于对流云中球状或不规则冰块形式的降水。黔南州冰雹全年均可出现，春季是冰雹的高发期，常发生于午后到前半夜。影响黔南州的冰雹路径有三条，分别是西南路径、西北路径、偏西路径，多数冰雹经过惠水、长顺、龙里进而影响州内其他地区。按照地面影响系统，黔南州冰雹产生的有利天气形势分为热低压辐合型、高架雷暴型、冷锋低槽（切变）型。在3—5月，盛行偏南风，地面气温回升快，在四川、云南、贵州常出现浅薄的热低压系统，有冷空气进入贵州，在冷暖气流的作用下易出现对流云的生成和发展，在合适的气温湿度条件下，对流云发展加强为冰雹云，进而产生冰雹。

冰雹由于其突发性强，并且常伴有大风、短时强降水等其他天气过程，一旦发生往往给各行各业及人民生命财产等带来巨大损失。冰雹作为黔南州主要气象灾害之一，已成为影响当地经济发展的重要因素。春季3—5月是黔南州农业产业的关键时期，是桃、李、苹果等农业经济作物开花期，是油菜开花和结荚的关键时期，冰雹及伴随的大风出现常造成花蕾凋落，造成农业减产甚至绝收，因此冰雹防御工作是黔南州各级气象部门的重点工作。目前可以通过人工影响天气的手段来对冰雹云进行一定程度的干预，利用固定高炮、流动火箭车、飞机等手段向云中播撒足够量的催化剂，以产生大量凝结核，使得云团中的水分或冰晶迅速凝结，造成同雹胚竞争水分的优势，从而抑制雹块的增长，其中固定高炮点的排布需要对黔南冰雹的气候特征了解，从而进行合理的布局和调整。同时“中国天眼”台址位于黔南州平塘县克度镇，加强对黔南州地区冰雹气候特征的研究是开展“中国天眼”冰雹防御的基础工作，也对于加深灾害性天气的理解和做好冰雹灾害防御工作具有重要的科学意义和现实意义。近几十年来，不少学者在区域性冰雹的研究上取得了一系列成果，但关于黔南州地区冰雹的气候特征研究较少，近年来黔南州气象局开展的冰雹研究正好填补空白。

本部分主要分析讨论以下内容：①冰雹的气候特征，包括冰雹的月变化、日变化，冰雹形态、路径（源地）、持续时间等特征。②分析黔南州冰雹个例的多普勒天气雷达产品（最大反射率因子、垂直累积液态水含量、反射率因子回波顶高、冰水比值、45 dBZ和55 dBZ高度）、双偏振多普勒雷达产品（差分反射率因子、差分相移率、相关系数、粒子分类）的特征。③对冰雹物理量特征的分析得到冰雹潜势预报的阈值；对多普勒天气雷达产品、气象卫星产品的分析，得到黔南州降雹的多普勒天气雷达产品、FY-2G气象卫星产品、FY-4A气象卫星产品的预报指标；对云团的分析，得到了降雹点与降雹云团的位置分布关系。

黔南州冰雹特征分析

罗 雄[1,2] 罗喜平[2] 张小娟[1,2] 崔 蕾[2] 唐辟如[2]
(1. 贵州省气象台,贵阳,550002;2. 贵州省人工影响天气办公室,贵阳,550081)

摘 要: 为了解黔南州的冰雹特征,利用多普勒天气雷达、常规气象观测资料以及人工影响天气作业站点冰雹观测等资料,采用统计学方法分析了影响黔南州冰雹个例的冰雹直径、降雹持续时间、冰雹日变化、冰雹云移动速度等特征。结果表明:黔南州的降雹主要出现在春季的3月和4月,降雹以中冰雹为主,冰雹日变化明显,一天中冰雹主要发生在15时至次日00时,白天17—20时冰雹频发。降雹持续时间短,65%的降雹持续时间在5 min以内。冰雹云单体的移动速度范围为16～102 km·h^{-1},平均速度50 km·h^{-1}。冰雹云单体的维持时间最短仅为17 min,最长可达290 min,平均122 min。冰雹云移动路径主要以西南路径为主,其次是西北路径和偏西路径。西南路径降雹点主要分布在黔南州中部一线,西北路径降雹点主要分布在黔南州中西部的惠水、长顺,偏西路径的降雹点主要在黔南州中北部。影响黔南州的冰雹云源地有境外移入和黔南州境内生成的两类,主要源地在安顺市、黔南州、黔西南州东部和北部、毕节市东部和南部以及贵阳市南部,不同路径的冰雹云源地具有明显的分布差异。

关键词: 黔南州,冰雹,特征分析,移动路径,冰雹云源地

引言

贵州省由于特殊的地形特征和亚热带季风气候等因素,使得冰雹成为春夏季主要的灾害性天气之一,尤其是在3—5月,冰雹天气频发[1-2]。黔南州春季冰雹灾害重,成灾率高的时段往往对烤烟、茶叶、油菜和果树等造成严重影响,甚至还会损毁民房、带来人畜伤亡,危害极大[3]。黔南州又是"中国天眼""FAST"所在地,而"FAST"反射面板仅为1 mm厚的铝合金,极易受到冰雹的冲击而损伤[4],因此,开展人工防雹工作尤为重要。在冰雹上下游联防作业过程中,掌握降雹的发生时间、持续时间、冰雹直径和冰雹云单体的移动速度、维持时间、生成源地和移动路径等基本特征,不仅能够预测冰雹云的影响时间,还能预判冰雹云未来影响的区域,提前调度移动路径上的作业点,对防雹工作具有指导意义[5]。针对贵州省的冰雹天气,近年来不少学者利用雷达、卫星、闪电、数值模式等多源资料开展成因分析和指标研究[6-11];也有学者对贵州省各地降雹的气候特征开展研究,研究结果表明,贵州省的冰雹地域性、季节变化明显,各地冰雹的月季变化和日变化存在差异。月季变化上,大部分地区春季是出现冰雹最多的季节[12-15],但是威宁县却是在夏季出现冰雹最为频繁[16-17];日变化上,雹日中白天发生冰雹的概率大于夜间,尤其集中在午后到傍晚时段[18-21],但也有个别地区冰雹主要发生在夜间,如"中国天眼"所在地的贵州省平塘县,夜间降雹频率为63.9%[22]。可见,地理环境和气候环境的差异会造成各地冰雹特征的不同。

目前针对黔南州冰雹天气已有的研究多是个例分析，基于长时序的冰雹特征、冰雹云特征和冰雹云路径研究较少，因此，结合多普勒天气雷达数据和冰雹观测资料，利用统计的分析方法，揭示2006—2022年影响黔南州冰雹云的降雹持续时间、发生时间、冰雹尺寸和冰雹云的移动速度、维持时间、移动路径和源地等基本特征，以期为黔南州的人工防雹工作提供参考依据，对于开展防雹减灾，尤其是“FAST”冰雹灾害联防工作意义重大。

1　资料和方法

所选用的资料时间为2006—2022年，包括贵阳站多普勒天气雷达2006—2022年历史观测数据。降雹信息采用黔南州12个国家级气象站逐日冰雹资料、黔南州人工影响天气作业站点冰雹记录以及贵州省区域气象观测站的冰雹观测记录。

选取1 d中(08—次日08时，北京时，下同)有2个县域(包含国家级气象站、人影作业点、区域气象观测站)及以上降雹，作为研究的冰雹天气个例，并选取降雹地点、降雹时间、冰雹直径记录及雷达数据完整的冰雹天气过程，得到21个冰雹日、67个冰雹云单体、147条降雹记录，其中142条有冰雹直径记录。

冰雹路径图的绘制主要是基于多普勒天气雷达观测资料，利用云精细分析系统(CPAS)提取冰雹云从初生至降雹时间段内逐6min的多普勒天气雷达组合反射率因子强中心经纬度，然后将冰雹云各个时刻的中心依次连接绘制在地图上，表征其移动路径，并对不同路径进行分类。

2　冰雹特征

2.1　冰雹直径

图1a给出了黔南州142条冰雹直径记录的散点分布，由图可知，黔南州的冰雹直径最小为1 mm，最大为40 mm，大部分降雹点冰雹直径都在10 mm以内。为进一步区分黔南州不同

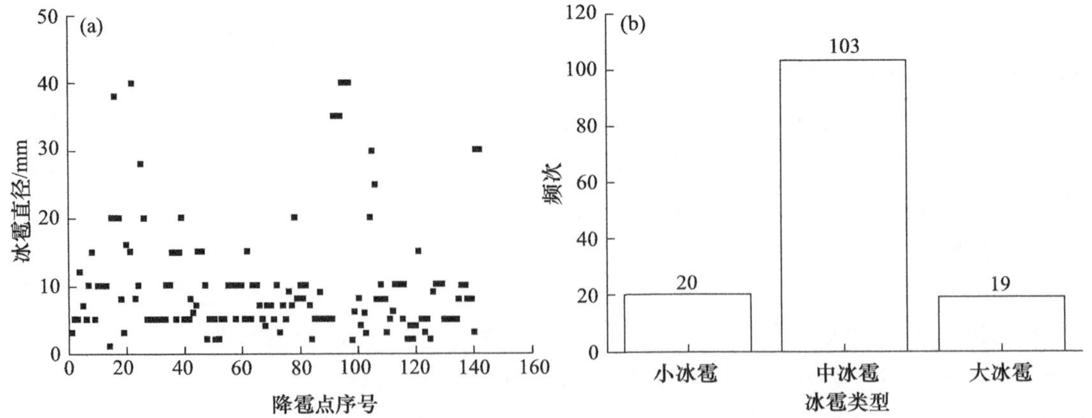

图1　黔南州降雹点冰雹直径分布(a)和不同冰雹类型频次(b)

冰雹类型的占比，按照冰雹等级的国家标准[23]，用 D 表示冰雹直径，$D<5$ mm 为小冰雹，5 mm$\leqslant D<20$ mm 为中冰雹，20 mm$\leqslant D<50$ mm 为大冰雹，$D\geqslant50$ mm 为特大冰雹，对黔南州冰雹直径进行分类，统计不同类型的冰雹频次(图 1b)，由图可知，黔南州的冰雹出现最多的是中冰雹，频次为 103 次，约占 73%；其次是小冰雹，频次为 20 次；大冰雹的出现频次和小冰雹相当，为 19 次。

2.2　降雹的月季特征

图 2 给出了 21 个冰雹日各月出现的分布频次，由图 2 可知，冰雹主要发生在春季，3—5 月为 18 次，占全部冰雹日数的 86%，其中春季又主要集中在 3 月和 4 月；其次在冬季的 1 月和 2 月偶尔也有冰雹发生，夏季和秋季没统计到降雹样本。

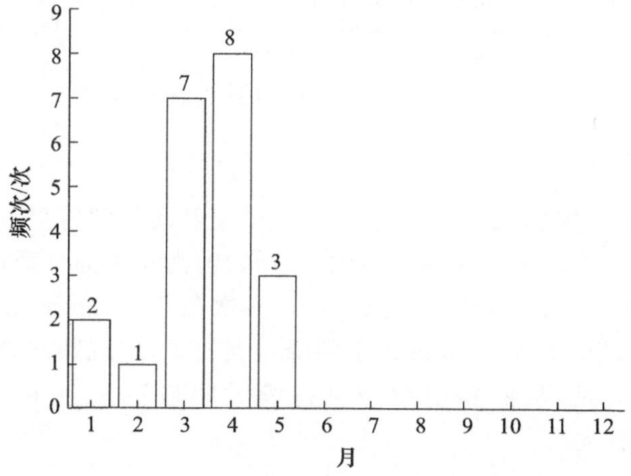

图 2　2006—2022 年黔南州 21 个冰雹日各月出现的频次

2.3　降雹的日变化

为详细分析黔南州降雹的日变化特征，对 2006—2022 年的 147 条降雹时间进行统计，绘制逐小时冰雹发生的频次分布(图 3)。由图 3 可知，黔南州 1 d 中大部分时段均有可能发生降雹，但是冰雹日变化特征显著，冰雹主要发生在 15 时至次日 00 时，总频次达 132 次，占冰雹总数的 90%，最大频次出现在 17—18 时，达 36 次，其次是 19—20 时，为 30 次。08—15 时期间偶有冰雹发生；00—08 时只有 3 个时段发生过降雹，其余时段无降雹。统计白天(08—20 时)和夜间(20 时至次日 08 时)的降雹出现频次可知，白天降雹频次达 107 次，占冰雹总数的 73%，其中白天降雹又主要集中在 17—20 时这一时段，降雹频次达 80 次，占白天降雹总数的 75%；夜间降雹频次为 40 次，占冰雹总数的 27%，其中夜间降雹主要集中在 20 时至次日 00 时，占夜间降雹总数的 92.5%。由此可见，黔南州 1 d 中白天防雹主要时段在 17—20 时，夜间防雹主要时段在 20 时至次日 00 时。

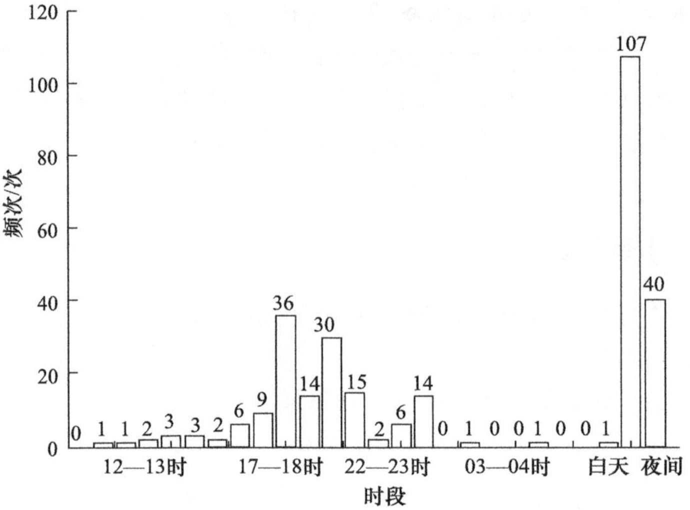

图 3　黔南州各时段发生降雹的频次

2.4　降雹持续时间

降雹的持续时间和承灾体的损伤程度成正比[22]，因此了解降雹持续时间也十分重要。图 4给出了黔南州降雹持续时间的分布。由图 4 可知，黔南州大部分降雹持续时间维持在 0～5 min，出现频次为 95 次，占全部降雹点的 64.6%；其次是 5～10 min，出现频次为 29 次，占全部降雹点的 19.7%；持续时间在 10 min 以上的降雹点较少，出现频次为 23 次，占全部降雹点的 15.6%。值得注意的是，虽然黔南州降雹持续时间最短仅为 1 min，但是最长也可达 32 min，致灾风险仍然较大。

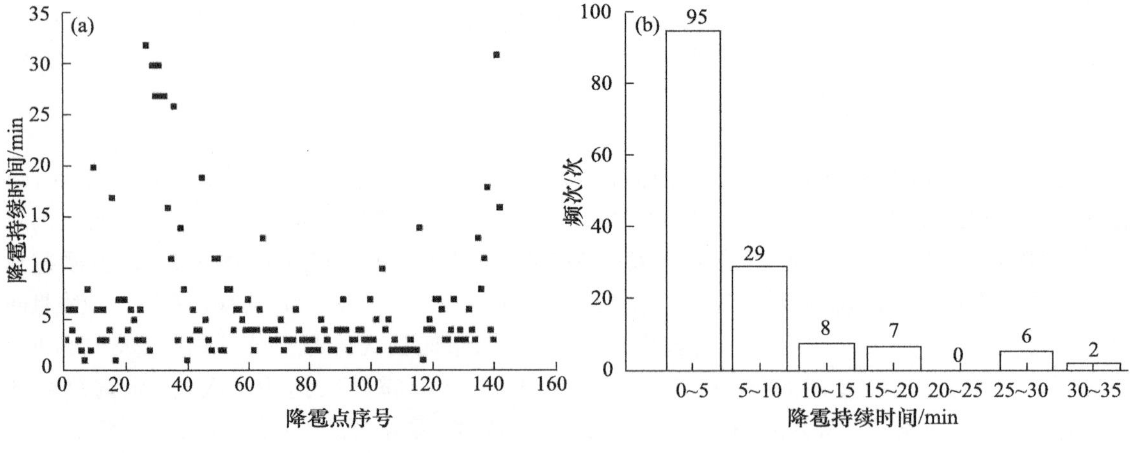

图 4　黔南州降雹持续时间散点分布(a)和频次(b)

3　冰雹云特征

3.1　冰雹云移动速度和维持时间

厘清冰雹云移动速度和维持时间的基本规律，可为人工防雹的提前部署抢得先机，因此，本节利用贵阳站多普勒天气雷达资料对 67 个冰雹云单体从初生到最后一次降雹的持续时间和移动速度进行统计，其分布见图 5 和图 6。由图 5 可知，黔南州冰雹云单体的移动速度最慢的为 16 km・h^{-1}，最快可达 102 km・h^{-1}，平均速度为 50 km・h^{-1}。进一步分析黔南州冰雹云单体不同速度出现的频次可知，有 40 个单体的移动速度在 20～50 km・h^{-1}，约占冰雹云单体总数的 60%；有 26 个单体的移速大于 50 km・h^{-1}，占冰雹云单体总数的 39%。上述分析说明，影响黔南州的冰雹云既有稳定少动型的，也有移动迅速的，大部分单体的移动速度在 20～50 km・h^{-1}，以 40～50 km・h^{-1} 占比最大。

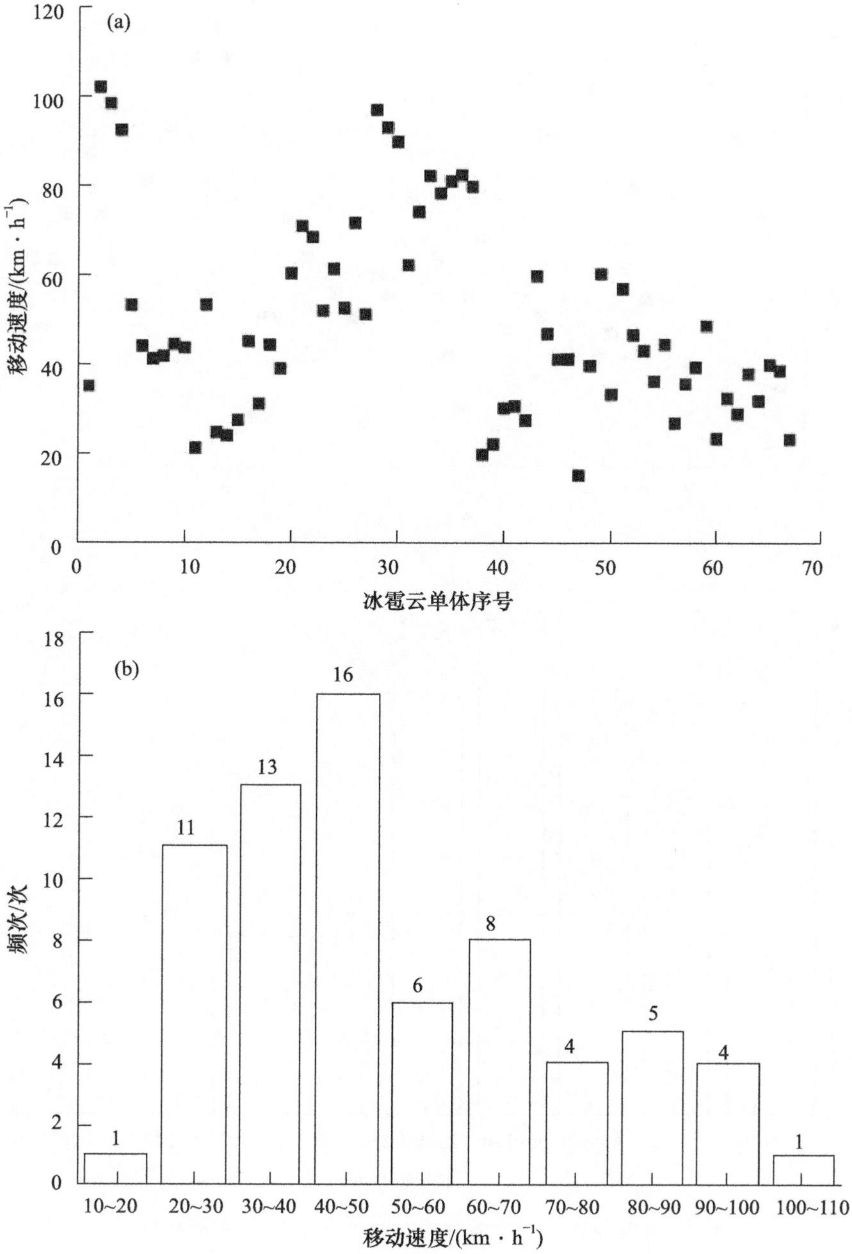

图 5 黔南州冰雹云单体移动速度散点分布(a)和频次(b)

由图 6 可知，冰雹云单体的维持时间在 30min 以内的有 4 次，最短仅为 17 min，即从初生到降雹仅 3 个雷达体扫的时间，防雹作业有很大难度，需要做出快速应对，冰雹云单体平均维持时间为 122 min，大部分集中在 30～150 min，占冰雹云单体总数的 67%，其次是在 150～240 min，占冰雹云单体总数的 21%，最长维持时间可达 290 min，近 5 h。

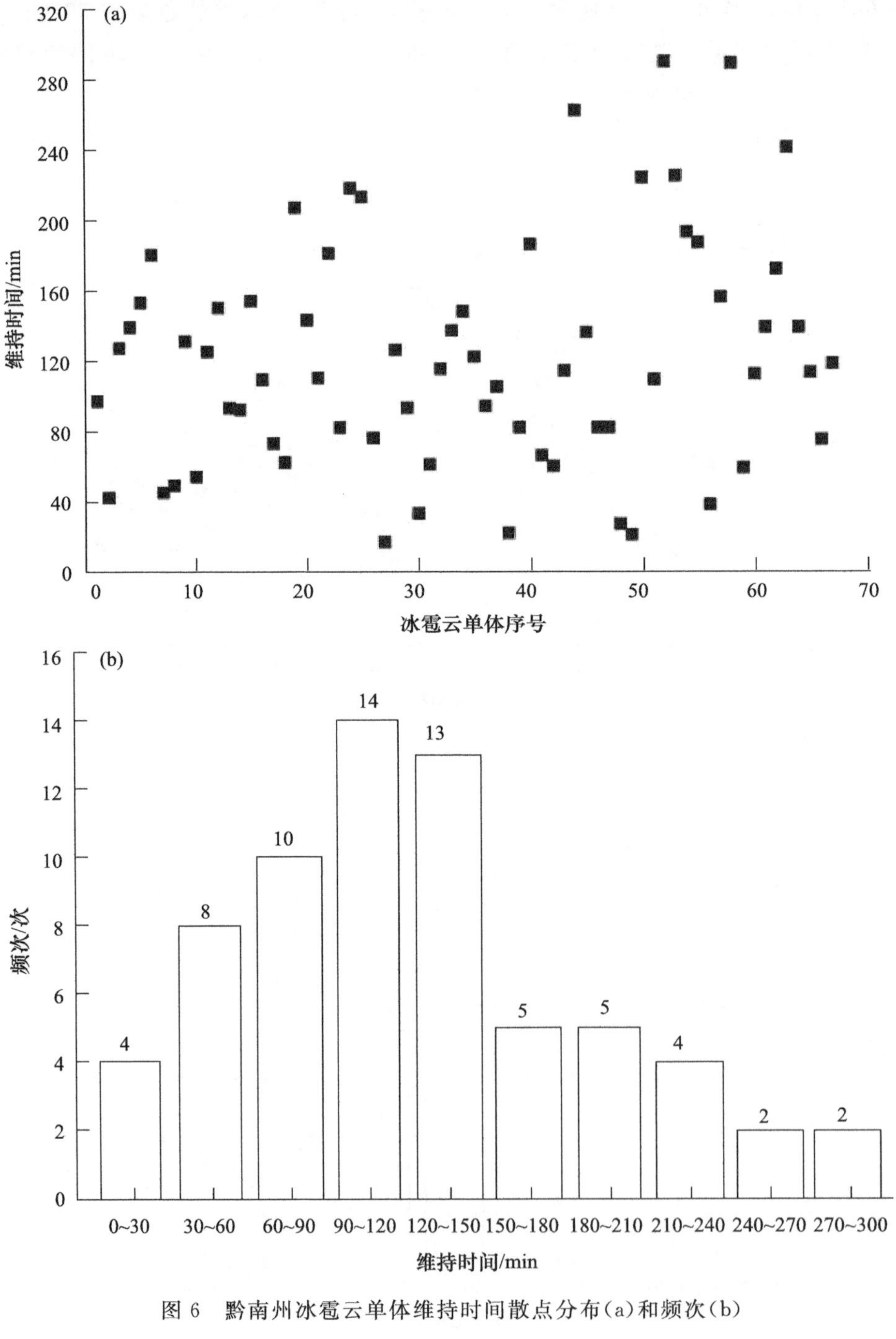

图 6　黔南州冰雹云单体维持时间散点分布(a)和频次(b)

3.2　冰雹云路径、降雹点、源地

利用雷达资料对影响黔南州的67个冰雹云单体从初生到降雹时段内每个体扫时刻的位置进行追踪，绘制其移动路径，根据走向分类汇总，总结黔南州冰雹云移动规律，再结合降雹观测资料绘制不同路径的降雹点分布，得到三类冰雹云移动路径及其对应的降雹点分布（图7）。第一类是西南路径（图7a_1），主要为：①晴隆、关岭—镇宁—西秀—紫云—黔南州长顺、惠水、

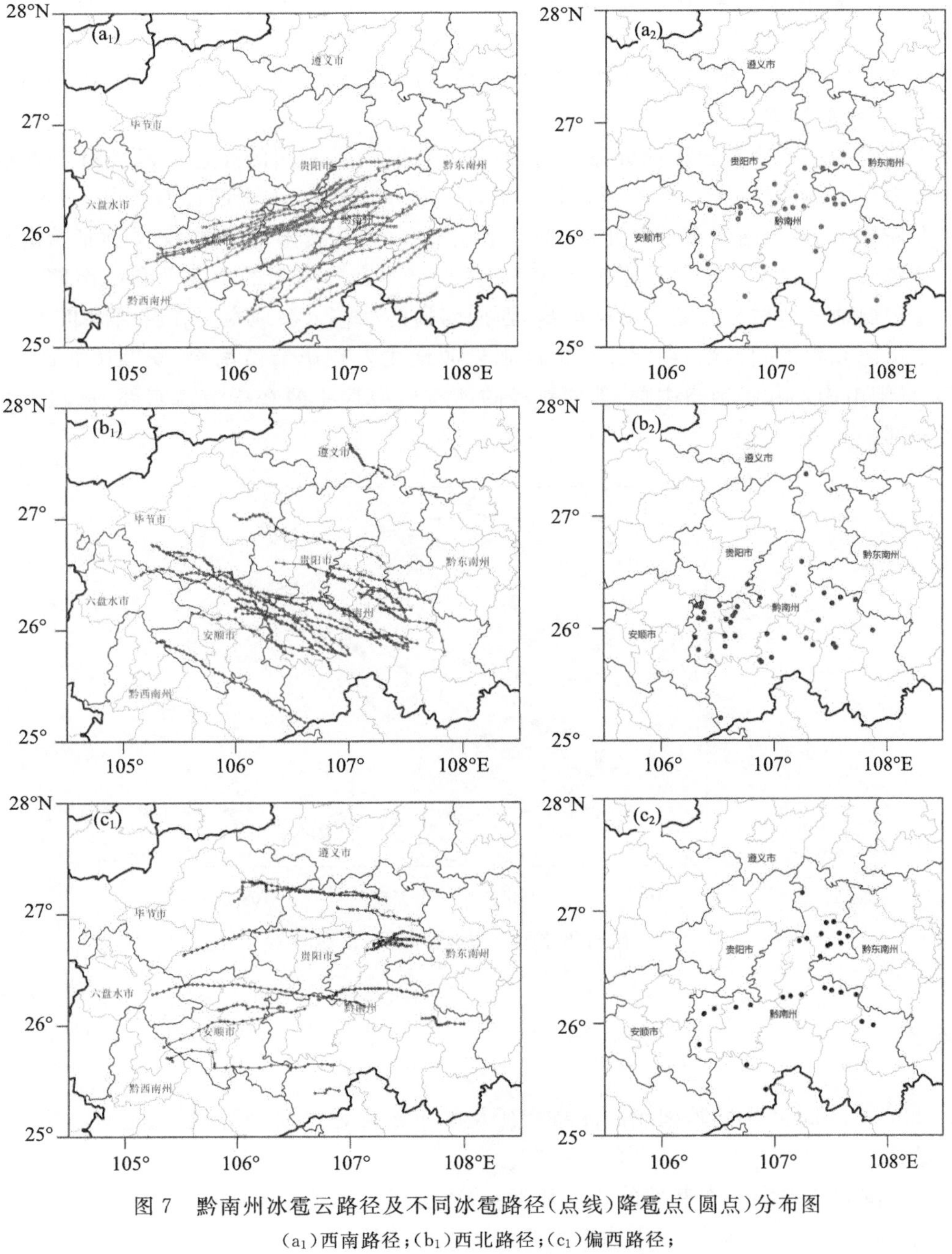

图7　黔南州冰雹云路径及不同冰雹路径（点线）降雹点（圆点）分布图

（a_1）西南路径；（b_1）西北路径；（c_1）偏西路径；

（a_2）西南路径降雹点；（b_2）西北路径降雹点；（c_2）偏西路径降雹点

龙里和贵定，②贞丰、望谟—镇宁—紫云—黔南州长顺、惠水、平塘、都匀，③罗甸—平塘、独山和三都，出现频次为 29 条，占所有冰雹云路径的 43%。结合降雹点分布(图 $7a_2$)可知，西南路径的降雹点主要分布在黔南州中部一线，其次是南部，北部有零星分布。第二类是西北路径(图 $7b_1$)，主要为：①纳雍—织金—普定—西秀—黔南州长顺、惠水、平塘和独山，②平坝—黔南州长顺、惠水、平塘和独山，③黔西、清镇—贵阳—黔南州龙里、贵定和都匀，出现频次为 22 条，占所有冰雹云路径的 33%。西北路径降雹点主要集中在黔南州中部的县域，又以长顺和惠水县最为密集(图 $7b_2$)。第三类是偏西路径(图 $7c_1$)，主要为：①黔西、织金—贵阳—黔南州瓮安、福泉，②六枝、镇宁—西秀—平坝—黔南州长顺、惠水、都匀，③兴仁—关岭—镇宁—紫云—黔南州罗甸、平塘，出现频次为 16 条，仅占所有冰雹云路径的 24%，其降雹主要出现在黔南州中北部，南部有零星分布。

由影响黔南州的冰雹云源地分布图可知(图 8)，影响黔南州的冰雹云源地有境外移入和黔南州境内生成的两类：第一类是境外移入的冰雹云有 42 次，占全部冰雹云的 63%，主要源地分布在安顺市、黔西南州东部和北部、毕节市东部和南部、贵阳市南部；第二类是黔南州境内生成的冰雹云有 25 次，占全部冰雹云的 37%，主要分布在黔南州的中北部和西南部。不同路径的冰雹云源地的地域分布差异特征明显，西南路径的冰雹云源地主要在黔西南北部和东部、安顺市中南部和黔南州西部；西北路径的冰雹云源地主要在毕节市南部、安顺市北部、六盘水市东部、贵阳市南部和黔南州中部；偏西路径的冰雹云源地主要在毕节市东部、贵阳市北部和黔南州北部。

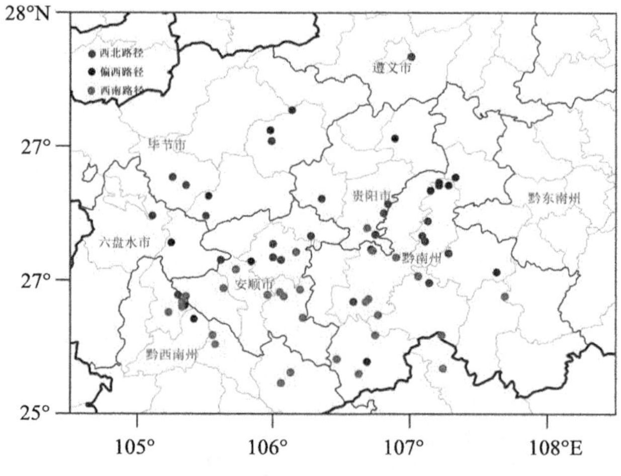

图 8　黔南州冰雹云源地分布图(见彩图 7)

4　结论

对 2006—2022 年影响黔南州的冰雹特征及冰雹云源地、路径和降雹点进行分析，得到以下主要结论。

黔南州降雹主要出现在春季的 3 月和 4 月，冰雹以中冰雹为主，小冰雹和大冰雹出现频次相当；冰雹日变化特征显著，1 d 中冰雹主要发生在 15 时至次日 00 时，冰雹小时最大频次出现在 17—18 时，白天降雹概率大于夜间，并且降雹主要集中在白天的 17—20 时；降雹持续时间大多在 5 min 以内，但是最长也可达 32 min。

影响黔南州的冰雹云既有移动迅速的，也有稳定少动的，大部分单体的移动速度在 20～50 km·h^{-1} 范围内，最慢的为 16 km·h^{-1}，最快可达 102 km·h^{-1}，平均速度为 50 km·h^{-1}；大多数冰雹云单体维持时间在 60～150 min，其次是在 150～240 min，最短仅为 17 min，最长可达 290 min。

影响黔南州的冰雹云移动路径主要以西南路径为主，其次是西北路径和偏西路径；不同冰雹路径的降雹分布存在一定差异，西南路径降雹点主要分布在中部一线，西北路径降雹点主要分布在中西部的惠水、长顺，偏西路径的降雹点主要在中北部；影响黔南州的冰雹云源地有境外移入和黔南州境内生成的两类，主要源地在安顺市、黔西南州东部和北部、毕节市东部和南部、贵阳市南部以及黔南州，并且不同路径的冰雹云源地具有明显的地域差异。

参考文献

[1] 王瑾，刘黎平．基于 GIS 的贵州省冰雹分布与地形因子关系分析[J]．应用气象学报，2008(5)：627-634.

[2] 邹书平，常履福，武孔亮，等．贵州省冰雹云雷达回波图集(2006—2015 年)[M]．北京：气象出版社，2017.

[3] 苏锡康．黔南州的冰雹及其对农业生产的影响[J]．贵州气象，1997(6)：25-27.

[4] 罗喜平，罗雄，李国平，等．中国天眼“FAST”所在地两次大冰雹天气过程的对比分析[J]．云南大学学报(自然科学版)，2021，43(1)：78-89.

[5] 罗雄，罗喜平，李枚曼，等．基于卫星和雷达资料的“FAST”冰雹云特征分析及识别指标初探[J]．中低纬山地气象，2021，45(5)：56-62.

[6] 池再香，黄艳，杨海鹏．贵州西部一次冰雹灾害天气强对流(雹)云演变分析[J]．贵州气象，2010，34(2)：10-12.

[7] 蒋瑛，朱克云，张杰．贵州地区冰雹云微物理过程及发展机制数值模拟研究[J]．气象，2016，42(8)：920-933.

[8] 李丽丽，邹书平，杨哲，等．贵州中部一次多单体冰雹天气的雷达回波特征[J]．中低纬山地气象，2018，42(2)：21-27.

[9] 李丽丽，邹书平，曾勇，等．连续两次冰雹天气过程的多源资料分析[J]．中低纬山地气象，2020，44(3)：27-32.

[10] 黄钰，李皓，曹水．一次致灾雹暴大气垂直结构、闪电活动及雷达回波特征分析[J]．中低纬山地气象，2020，44(2)：77-82.

[11] 刘小艳，刘国强，王兴菊，等．基于卫星云参数监测产品的贵州冰雹云指标分析[J]．中低纬山地气象，2020，44(1)：10-14.

[12] 李国厅．福泉地区冰雹气候特点及预报方法初探[J]．贵州气象，2006，30(增刊 1)：17-18.

[13] 何肖国，袁仕锋．息烽县冰雹规律及防治对策分析[J]．贵州气象，2007，31(5)：19-20.

[14] 郑西．浅析关岭县冰雹活动规律及防御对策[J]．贵州气象，2008，32(3)：31.

[15] 杨杰，陈习伦，段太敏，等．1967—2017 年望谟县冰雹危害特征分析及预防对策[J]．现代农业科技，2020(8)：204-205.

[16] 柯莉萍，刘佳，谢明，等．威宁县冰雹天气预报指标研究[J]．贵州气象，2016，40(5)：14-19.

[17] 曾勇，邹书平，曹水，等．贵州威宁 1997—2017 年冰雹时空变化特征分析[J]．高原山地气象研究，2018，38(2)：23-27.

[18] 袭祝香，吕忠，兰飞飞，等．吉林省冰雹时空特点及冰雹过程评估[J]．中国农学通报，2016，32(6)：139-144.

[19] 隋玉秀，杨景泰，李昱茜，等．1971—2018 年大连地区冰雹气候特征[J]. 干旱气象．2020，38(2)：249-255.

[20] 虎雅琼，边宇轩，黄梦宇，等．基于灾情信息的 1981—2017 年北京地区冰雹特征[J]. 应用气象学报，2019，30(6)：710-721.

[21] 吴占华，窦利军，李瑞芳，等．山西省冰雹天气变化的气候特征分析[J]. 中国农学通报，2015，31(29)：212-220.

[22] 罗喜平，许丹，李玫曼，等．贵州平塘“FAST”冰雹气候特征及防雹对策，贵州省冰雹防控技术外场试验论文汇编(2017—2019 年)[M]. 北京：气象出版社，2021.

[23] 气象防灾减灾标准化技术委员会．冰雹等级：GB/T 27957—2011[S]. 北京：中国标准出版社，2011.

双偏振多普勒天气雷达与多普勒天气雷达在两次强对流过程中的应用分析

赵　杰[1]　杨胜忠[2]　陈　杨[1]
（1. 黔南州气象台，都匀，558000；2. 黔东南州气象台，凯里，556000）

摘　要：利用都匀多普勒天气雷达以及榕江双偏振多普勒天气雷达资料，对黔南州 2021 年 5 月的两次强对流过程进行对比分析，发现：两次过程均发生在“上干下湿”的不稳定层结中，地面辐合线和中低层切变线提供有利的动力抬升条件，低层均维持偏南风提供水汽的输送；5 月 3 日过程以短时强降水为主，此次过程风暴中的粒子相态以液态水为主；5 月 10 日过程为冰雹过程，此次过程风暴中心区为大冰雹和冰水混合区，下风区以液态水为主，含有小冰粒。上述分析表明，双偏振多普勒天气雷达中的差分反射率因子与反射率因子结合使用，能有效地判断风暴中的粒子相态，相关系数对粒子相态的均一性有判断作用，粒子分类产品具有一定的参考意义。

关键词：强对流，多普勒天气雷达，双偏振多普勒天气雷达，粒子相态

引言

2021 年上半年黔南州惠水县雅水镇双偏振多普勒天气雷达建成并试运行，双偏振多普勒天气雷达发射水平和垂直两种方向的电磁波，相比于多普勒天气雷达，除了可以获取常规的多普勒天气雷达产品外，还能获取差分反射率因子（ZDR）、差分相移率（KDP）以及相关系数（CC）等双偏振产品。这些产品能获取到粒子的形状、尺寸、相态分布及密度等气象信息[1]。

双偏振多普勒天气雷达技术越来越成熟，基于双偏振多普勒天气雷达的研究也越来越多。潘佳文等[2]、项阳等[3]、刘红亚等[4]学者分别对强降水超级单体、龙卷、冰雹等天气现象的双偏振多普勒天气雷达特征进行了研究，陈星登等[5]、吴翀等[6]学者对不同云系、不同相态的双偏振多普勒天气雷达特征进行了研究。贵州学者李玮等[7]、李丽丽等[8]对贵州冰雹的双偏振多普勒天气雷达特征进行了分析。但是贵州对于双偏振多普勒天气雷达的研究检验还是相对较少，利用 2021 年 5 月的两次强对流天气过程对双偏振多普勒天气雷达产品进行释用分析。由于 5 月黔南州雅水双偏振多普勒天气雷达正在调试阶段，故采用黔东南榕江双偏振多普勒天气雷达进行分析。

1　实况

2021 年黔南州共出现 6 次强对流过程，均出现在 5 月，分别是：5 月 3 日午后到前半夜出现在瓮安、贵定、龙里、都匀、长顺、惠水；5 月 9 日午后到夜间出现在惠水、长顺、龙里、贵定；10

日午后到夜间出现在荔波、瓮安；5 月 11 日午后到夜间出现在长顺、惠水；12 日午后到夜间出现在龙里、罗甸、贵定、都匀；5 月 16 日傍晚出现在瓮安。

由于榕江雷达和都匀雷达共同能扫到的区域大致在黔南州东南部的都匀、独山、荔波、三都等地，所以选取 3 日都匀、10 日荔波强对流过程来分析榕江雷达与都匀雷达产品在两次过程中的应用，5 月 3 日 19—20 时都匀洛邦出现 28.9 mm 的短时强降水，都匀、坝固出现小冰雹，最大直径 3 mm，5 月 10 日 17 时 40 分左右荔波县甲良镇梅桃村降雹，直径 5 mm，10 粒 · m^{-2}。

2 环流背景

对比两次强对流过程，均发生在“上干下湿”的不稳定层结中，地面辐合线和中低层切变线均对此次过程造成影响(图 1)，提供有利的动力抬升条件，低层均维持偏南风，利于水汽的输送，但是两次过程的触发条件有所不同。3 日过程 850 hPa 切变线位于贵州北部，700 hPa 切变线位于贵州中部，系统呈现前倾结构，受 850 hPa 切变线前暖湿气流和 700 hPa 切变线后干冷气流影响，贵州中部地区呈现出“上冷下暖”层结，加剧了黔南州中北部地区的不稳定，地面辐合线为此次过程的触发机制。10 日过程 850 hPa 切变线和地面辐合线位于贵州省中北部地区，影响黔南州北部地区，切变线带来的辐合抬升利于州北部地区能量的触发；925 hPa 切变线影响黔南州南部地区，黔南州位于 700 hPa 急流入口区的左侧，切变线辐合抬升与急流入口区左侧的辐合叠加，利于黔南州南部地区对流的触发。

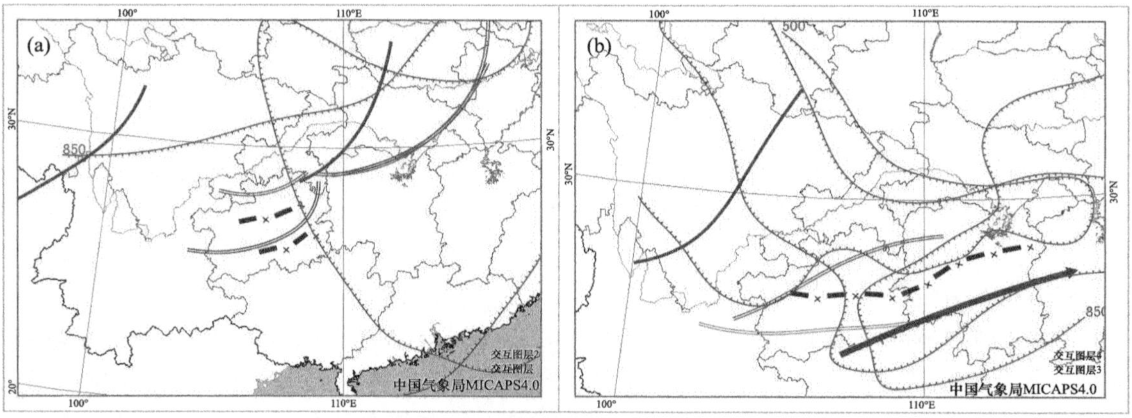

图 1　两次冰雹过程中分析图(见彩图 8)

(a)5 月 3 日 08 时；(b)5 月 10 日 08 时

3 雷达产品分析

3.1 5 月 3 日过程

图 2 为 5 月 3 日 19 时的天气雷达产品，从反射率因子可以看出都匀附近 7 km 高度处反射率因子达 60 dBZ，而 3 日 08 时贵阳 $T-\ln P$ 图显示 0 ℃层高度在 4.8 km，－20 ℃层高度在 7.9 km，反射率因子强回波伸展高度接近－20 ℃层高度，对应低层径向速度图上为速度辐合

区，从反射率因子剖面图上可以看到反射率因子强回波悬垂和低层弱回波区的特征，在径向速度剖面图上可以看到风暴对应整层的辐合区，将有利于风暴的发生和发展。

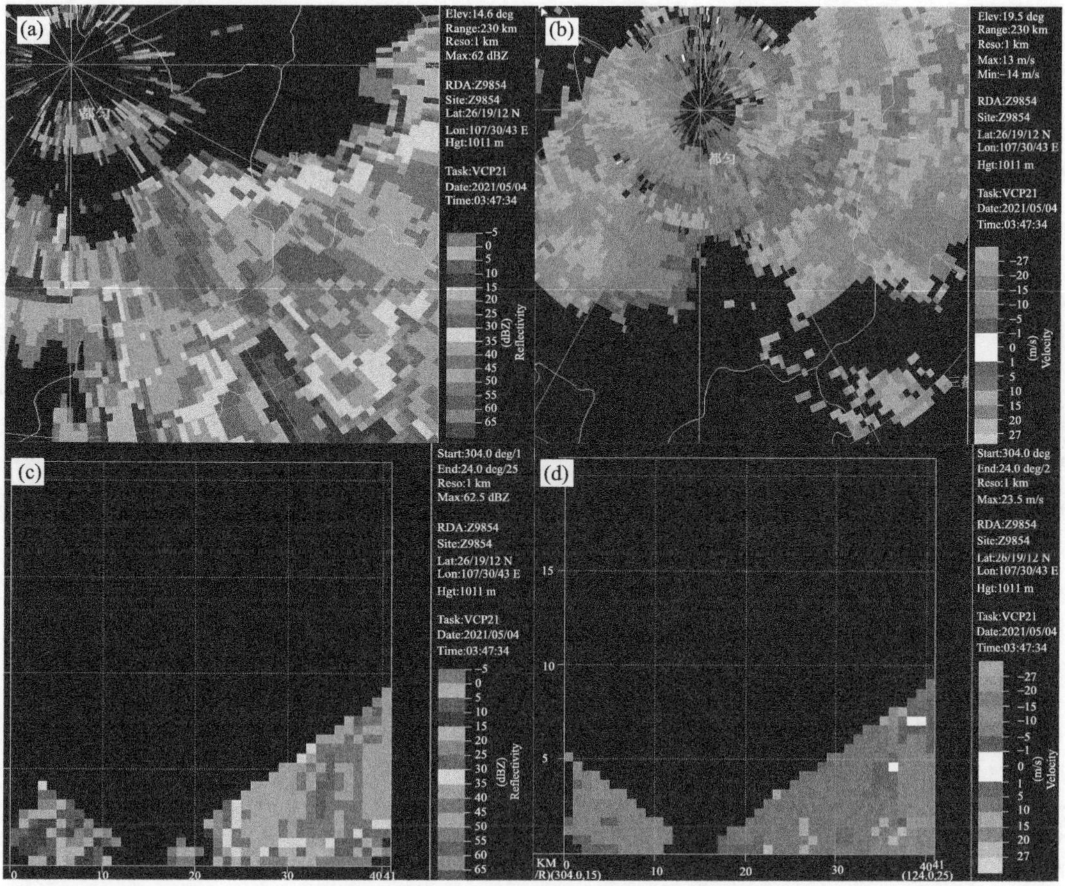

图 2　5 月 3 日 19 时 47 分都匀雷达产品（见彩图 9）

(a)1.5°仰角基本反射率因子；(b)6°仰角基本径向速度；

(c)基本反射率因子垂直剖面；(d)基本径向速度垂直剖面

从榕江雷达基本反射率因子（图 3a）来看，回波强度达 65 dBZ 以上，高度位于 6 km 以上，强回波高度伸展至 0 ℃以上接近－20 ℃层高度，这与都匀雷达基本一致。但是榕江雷达反射率因子能看到旁瓣回波，而都匀雷达无法观测到，且回波位置略有差异。在差分反射率因子图上（图 3b），风暴中心 ZDR 值基本在 3.5 dB 以上，中心附近 ZDR 值明显降低，可能是因为风暴中主要还是液态大水滴的存在，而小冰晶被风暴上升气流带到上层后，随着上层辐散气流分布在风暴四周。低层 0.5°仰角的差分相移率（图 3c）基本在 3(°)・km^{-1} 以上，相关系数（图 3d）基本在 0.95 以上，表明低层相态基本为单一相态的液态水。综上分析，此次过程中风暴中粒子主要以液态水为主，在风暴周围有一定的冰晶粒子，对应实况风暴中心的洛邦站点小时降水量达 28.9 mm，而距离风暴中心一定距离的坝固站出现了直径 3 mm 的小冰雹（固态降水）。检验粒子分类产品发现在 0.5°仰角（图 3e）风暴基本为大雨粒子，而在 1.5°仰角（图 3f）上基本为冰晶或者冰雹粒子，低仰角的粒子相态基本与前面分析一致，但是高仰角与前面风暴中心为液态水，风暴周围为冰晶粒子的判断有一定的出入，主要体现在风暴中心的粒子识别上，风暴周围与前面判断基本一致，所以粒子分类产品仍然具有一定的指示意义。

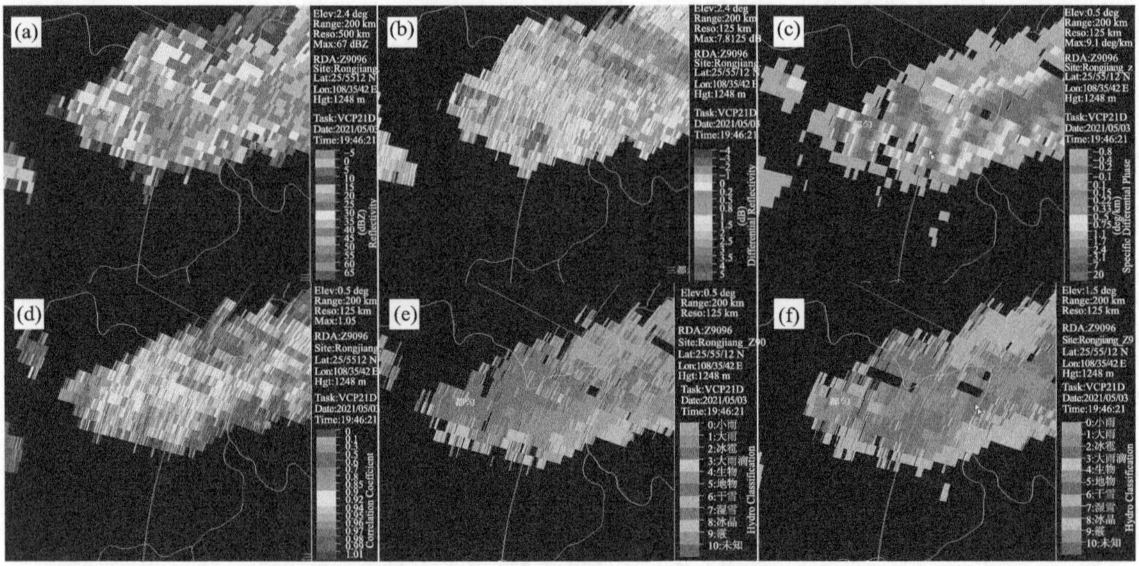

图3　5月3日19时46分榕江雷达(见彩图10)

(a)2.4°仰角基本反射率因子；(b)2.4°仰角差分反射率因子；(c)0.5°仰角差分相移率；(d)0.5°仰角相关系数；(e)0.5°仰角粒子分类；(f)1.5°仰角粒子分类

3.2　5月10日过程

从都匀雷达1.5°仰角基本反射率因子(图4a,图中线条为剖面位置)可以看到,17时41分荔波境内反射率因子最大达55 dBZ以上,一侧梯度大,一侧梯度小,呈现出钩状回波特征,有明显的旁瓣回波和三体散射回波,在6°仰角基本径向速度图上(图4b),对应有高空辐散。从基本反射率因子和基本径向速度看该次过程属于超级单体影响,但是因为都匀雷达观测距离较远,无法在基本径向速度图上识别出速度对。从反射率因子垂直剖面来看(图4c～图4e),在17时31分,强回波基本在6 km以下,最大强度50 dBZ;到17时36分强回波明显发展,强回波高度发展至9 km左右,回波强度维持不变,强回波结构有所倾斜,呈现出一定的悬垂特征;到17时41分,此时已经观测到冰雹,降水已经及地,此阶段冰雹下降开始融化,在冰雹表面形成水膜从而后向散射截面加大,对应反射率因子剖面图上强回波出现在中下层,并且回波强度比前两个时段有所加强。

双偏振多普勒天气雷达常用的参量除了有新一代天气雷达的常规产品外,还有双偏振产品:差分反射率因子(ZDR)、差分相移率(KDP)、相关系数(CC)。图5为5月10日17时40分榕江天气雷达相应的产品。为了便于分析,榕江雷达依然采用1.5°仰角的基本反射率因子(图5a)和6°仰角的基本径向速度(图5b),从基本反射率因子上可以看出,相比都匀雷达有更为明显的三体散射和旁瓣回波,尤其是旁瓣回波,在垂直雷达径向的两个方向都能看到旁瓣回波。从基本径向速度上也能看到高空辐散,但是都匀雷达的高空辐散为偏北风与偏南风的辐散,而榕江雷达为弱西风与强西风之间的辐散,这是因为环境风为强的偏西风,回波单体产生的高层辐散气流与环境风叠加后产生的。此次过程两部雷达的回波位置同样略有偏差。差分反射率因子为水平和垂直两个方向上的反射率因子的差值,能反映出水滴的形状。对比分析

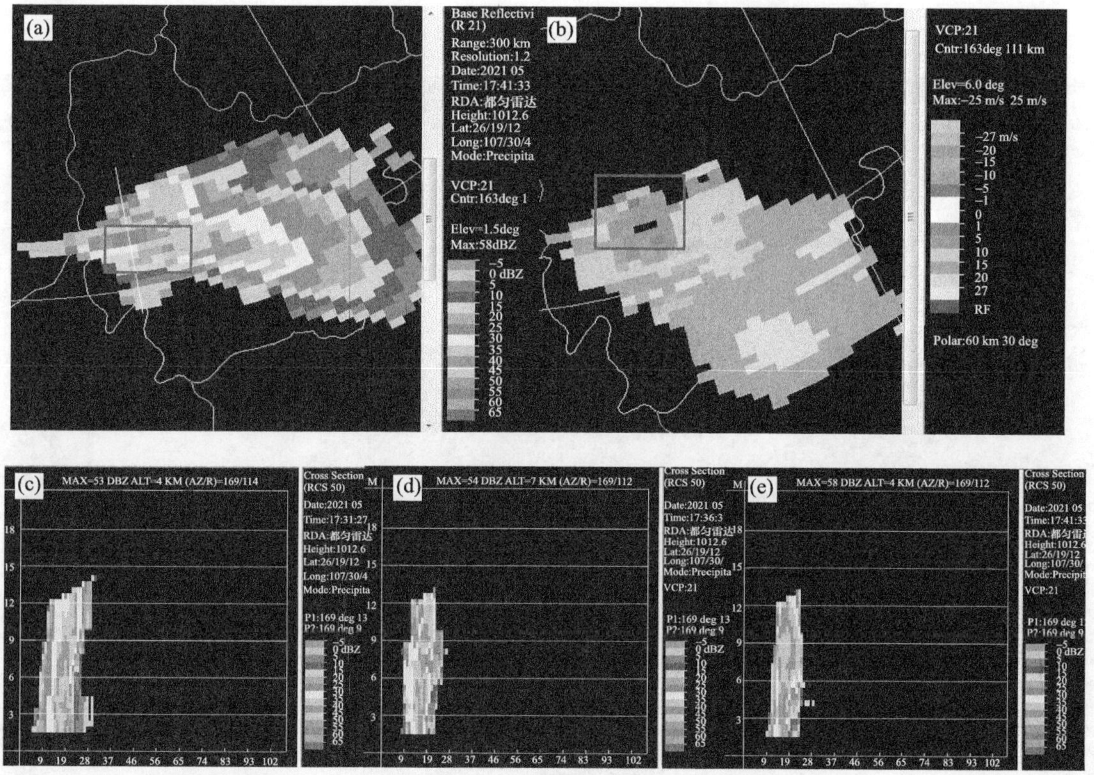

图 4　5 月 10 日 17 时 41 分都匀雷达(见彩图 11)

(a)1.5°仰角基本反射率因子;(b)6°仰角基本径向速度;(c)17 时 31 分反射率因子剖面图;
(d)17 时 36 分反射率因子剖面图;(e)17 时 41 分反射率因子剖面图

1.5°仰角的基本反射率因子(图 5a)和差分反射率因子(图 5c),在基本反射率因子图上风暴中心强回波强度达 60 dBZ 以上(图中标识 A1),下风区回波强度达 50 dBZ(图中标识 A2),回波高度在 4 km 左右,对应差分反射率因子图上 A1 和 A2 区域强度基本在 0 dB 左右,说明在风暴中 4 km 高度左右存在着大量的冰雹粒子,再看 0.5°仰角的差分反射率因子(图 5d),此仰角回波高度在 2.5 km 左右,A2 区域差分反射率因子在 2.5 dB 以上,但 A1 区域数值明显降低,结合相关系数(图 5f)在 A1 和 A2 区域数值明显减小降至 0.8 左右,说明这两个区域有多种粒子混合存在,为大冰雹和冰水混合区[9]。差分相移率图上(图 5e)A1 和 A2 区域 KDP 强度达到 3(°)·km^{-1},KDP 与粒子密度有关。由此进一步分析,A1 区域差分反射率因子靠近 0 dB,以大冰雹为主,而 A2 区域差分反射率因子较大,以雨滴为主,这可能是因为风暴中的上升气流将小的冰雹粒子带至 4 km 左右,然后通过风暴顶辐散气流输送到下风向,下风向的上升气流不足以克服小冰雹的重力作用,于是小冰雹开始下降并在 2.5 km 左右融化为液态水,而辐散气流不足以输送大冰雹粒子,使得大冰雹粒子降落在风暴中心附近。综上分析,在 A1 区域有利于冰雹的出现,而 A2 区域有利于降雨的出现。结合实况 10 日 17—18 时 A1 区域附近梅桃降冰雹,直径 5 mm,10 粒·m^{-2},无降水;而 A2 区域附近双江出现降水,小时降水量 9.7 mm。我们再来检验一下双偏振多普勒天气雷达的粒子分类产品,在 0.5°仰角上(图 5g)A1 区域为冰雹粒子,A2 区域为大雨粒子,在 1.5°仰角(图 5h)上 A1 和 A2 区域均为冰雹粒子,这与前面的分析一致,说明粒子分类产品对于判断粒子相态具有一定的指示意义。

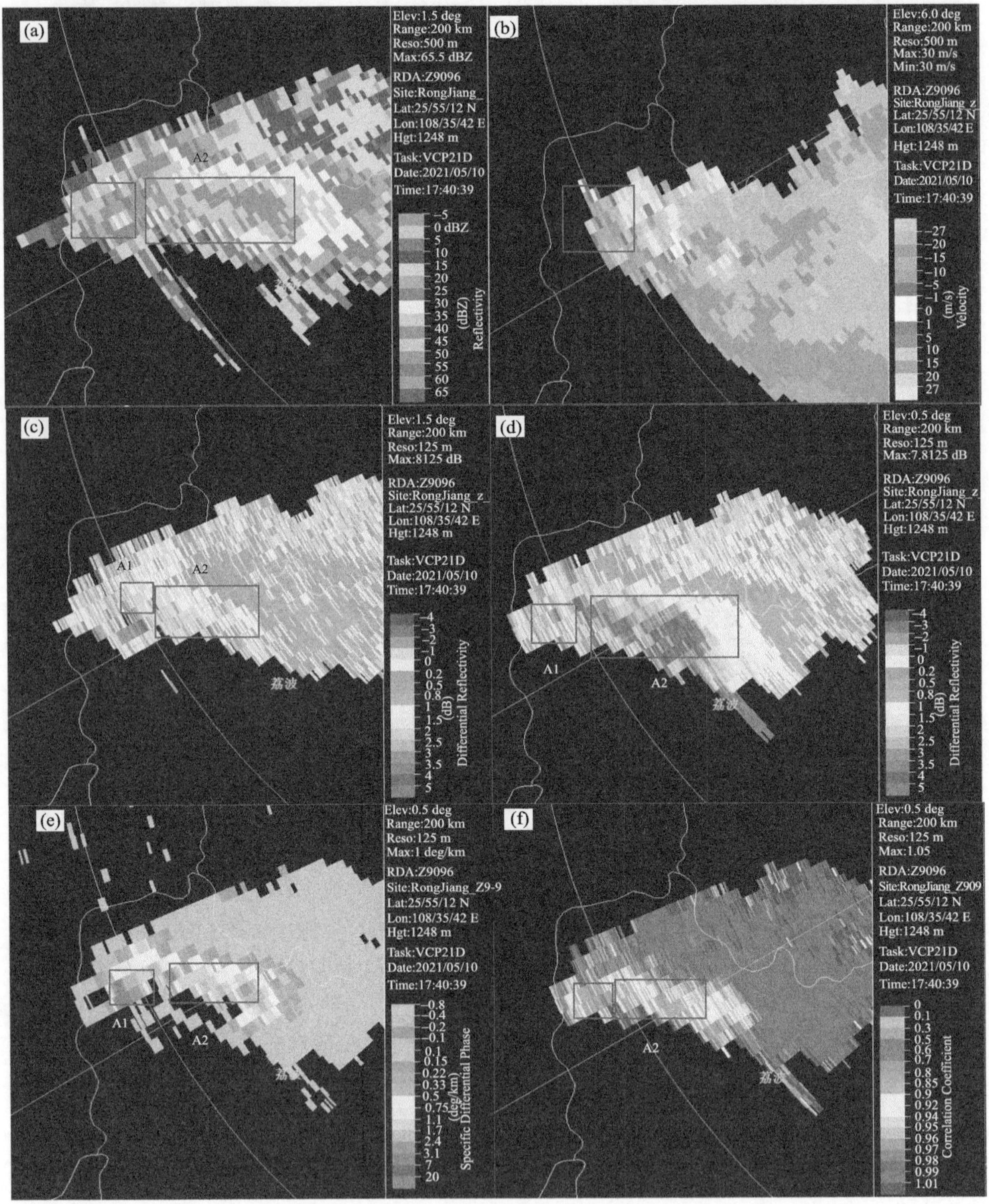
(a)
Elev:1.5 deg
Range:200 km
Reso:500 m
Max:65.5 dBZ
RDA:Z9096
Site:RongJiang_
Lat:25/55/12 N
Lon:108/35/42 E
Hgt:1248 m
Task:VCP21D
Date:2021/05/10
Time:17:40:39
A2
Reflectivity (dBZ)
(b)
Elev:6.0 deg
Range:200 km
Reso:500 m
Max:30 m/s
Min:30 m/s
RDA:Z9096
Site:RongJiang_z
Lat:25/55/12 N
Lon:108/35/42 E
Hgt:1248 m
Task:VCP21D
Date:2021/05/10
Time:17:40:39
Velocity (m/s)
(c)
Elev:1.5 deg
Range:200 km
Reso:125 m
Max:8125 dB
RDA:Z9096
Site:RongJiang_z_
Lat:25/55/12 N
Lon:108/35/42 E
Hgt:1248 m
Task:VCP21D
Date:2021/05/10
Time:17:40:39
A1
A2
荔波
Differential Reflectivity (dB)
(d)
Elev:0.5 deg
Range:200 km
Reso:125 m
Max:7.8125 dB
RDA:Z9096
Site:RongJiang_z
Lat:25/55/12 N
Lon:108/35/42 E
Hgt:1248 m
Task:VCP21D
Date:2021/05/10
Time:17:40:39
A1
A2
荔波
Differential Reflectivity (dB)
(e)
Elev:0.5 deg
Range:200 km
Reso:125 m
Max:1 deg/km
RDA:Z9096
Site:RongJiang_Z9-9
Lat:25/55/12 N
Lon:108/35/42 E
Hgt:1248 m
Task:VCP21D
Date:2021/05/10
Time:17:40:39
A1
A2
Specific Differential Phase (deg/km)
(f)
Elev:0.5 deg
Range:200 km
Reso:125 m
Max:1.05
RDA:Z9096
Site:RongJiang_Z909
Lat:25/55/12 N
Lon:108/35/42 E
Hgt:1248 m
Task:VCP21D
Date:2021/05/10
Time:17:40:39
A2
Correlation Coefficient

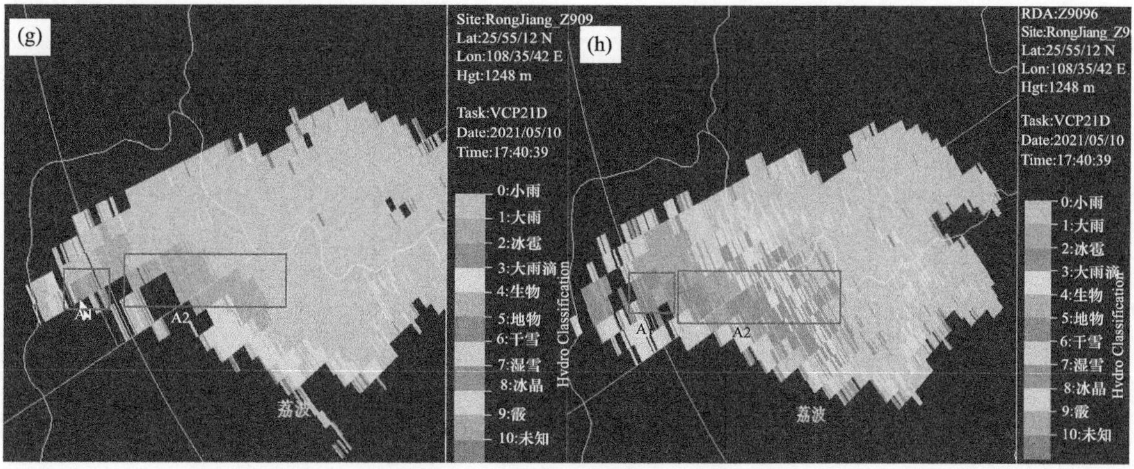

图 5　5 月 10 日 17 时 40 分榕江雷达(见彩图 12)

(a)1.5°仰角基本反射率因子；(b)6°仰角基本径向速度；(c)1.5°仰角差分反射率因子；
(d)0.5°仰角差分反射率因子；(e)0.5°仰角差分相移率；(f)0.5°仰角相关系数；
(g)0.5°仰角粒子分类；(h)1.5°仰角粒子分类

4　结论与讨论

两次过程均发生在“上干下湿”的不稳定层结中，地面辐合线和中低层切变线提供有利的动力抬升条件，低层均维持偏南风提供水汽的输送。3 日过程地面辐合线为触发条件，10 日过程切变线辐合抬升与急流入口区左侧的辐合叠加，为此次过程的触发条件。

都匀雷达能通过反射率因子和基本速度的特征来判断将可能发生的天气以及风暴未来的发展趋势，但是没法对粒子的大小、相态等进行判断，而榕江双偏振多普勒天气雷达可以通过双偏振产品对粒子相态进行判断。

5 月 3 日过程以短时强降水为主，反射率因子达 65 dBZ，差分反射率因子在 3.5 dB 以上，低仰角差分相移率在 3(°)・km^{-1}以上，相关系数在 0.95 以上。表明此次过程风暴中的粒子相态以液态水为主。

5 月 10 日过程为冰雹过程，风暴中心区反射率因子达 55 dBZ 以上，低仰角差分反射率因子中心在 0 dB 左右，下风区在 2.5 dB 以上，差分相移率都在 3°・km^{-1}以上，相关系数在 0.8 左右，表明风暴中心区为大冰雹和冰水混合区，下风区以液态水为主，含有小冰粒。这可能与风暴中的上升气流及风暴顶的辐散气流有关。

上述分析进一步证实双偏振多普勒天气雷达中的差分反射率因子与反射率因子结合使用，能有效地判断风暴中的粒子相态，相关系数对粒子相态的均一性有判断作用，粒子分类产品具有一定的参考意义。

差分相移率在两次过程中的表现作用不是很明显，还有待更多的个例作进一步分析，都匀雷达与榕江雷达回波位置显示略有差异，其原因可能与雷达参数有关，暂不分析。

参考文献

[1] 冯晋勤，张深寿，吴陈锋，等．双偏振雷达产品在福建强对流天气过程中的应用分析[J]．气象，2018，44(12)：1565-1574.

[2] 潘佳文，蒋璐璐，魏鸣，等．一次强降水超级单体的双偏振雷达观测分析[J]．气象学报，2020，78(1)：86-100.

[3] 项阳，吴林林．一次超级单体龙卷双偏振多普勒天气雷达分析[J]．气象科技，2021，49(4)：579-588.

[4] 刘红亚，杨引明，张晶，等．一次冰雹天气的WSR-88D双偏振雷达特征分析[J]．气象与环境科学，2020，43(2)：1-10.

[5] 陈星登，郭泽勇，张弘豪，等．不同强度云系的双偏振雷达特征[J]．气象研究与应用，2021，42(2)：19-23.

[6] 吴翀，刘黎平，仰美霖，等．X波段双偏振雷达相态识别与拼图的关键技术[J]．应用气象学报，2021，32(2)：200-216.

[7] 李玮，李皓，刘伟，等．贵州中部冰雹的双偏振雷达参量特征与识别[J]．中低纬山地气象，2019，43(2)：53-57.

[8] 李丽丽，邹书平，杨哲，等．贵州中部一次多单体冰雹天气的雷达回波特征[J]．中低纬山地气象，2018，42(2)：21-27.

[9] 曹俊武，刘黎平．双线偏振多普勒天气雷达识别冰雹区方法研究[J]．气象，2006(6)：13-19.

黔南州 9 次大冰雹的雷达参数特征分析

罗喜平[1] 罗 雄[1,2] 赵 杰[3]
(1. 贵州省人工影响天气办公室,贵阳,550081;2. 贵州省气象台,贵阳,550002;
3. 黔南州气象台,都匀,558000)

摘 要:通过对黔南州 2006—2022 年 9 次大冰雹的多普勒天气雷达产品分析,发现:雹云回波从出生到移至黔南州境内并降雹多数持续时间不超过 3 h,降雹前 45 dBZ 回波高度、55 dBZ 回波高度均超过−20 ℃高度,此特征可以作为冰雹的识别和预警指标。

关键词:黔南州,大冰雹,雷达回波参数

引言

冰雹是黔南州常见的灾害性天气之一,对当地的经济生产和人民生命财产安全带来巨大威胁,尤其是大冰雹。然而冰雹云团的生消持续时间较短,对于冰雹的提前预警预报存在一定的难度,目前主要依靠多普勒天气雷达产品对冰雹进行提前预警,有学者发现[1-4]降雹前垂直积分液态水含量有明显的跃增现象,李皓等[5]研究发现冰雹发生前最大反射率因子、垂直积分液态水含量、45 dBZ 回波高度和回波顶高均存在跃变现象。通过对 9 次大冰雹个例的雷达参数变化特征分析,以期对冰雹的提前预警预报有所帮助。

1 资料与方法

采用 CAPS 系统跟踪冰雹云初生、移动、发展到黔南州降雹全过程,提取全过程逐 6 min 雷达参数值,并提取当日最接近降雹时刻的贵阳 $T-\ln P$ 图上 0 ℃层高度和−20 ℃层高度,最后计算逐 6 min 的冰水比值。制作 9 个大冰雹云单体(表 1)从初生到降雹阶段的最大回波强度(Z_{max})、最大垂直累积液态水含量(VIL_{max})、回波顶高(ET)、冰水比值、45 dBZ 回波高度(H_{45dBZ})、55 dBZ 回波高度(H_{55dBZ})及 0°C 层高度、−20°C 层高度的时间序列图,分析冰雹云生命史特征,其中 t_0 代表降雹时刻。

表 1 2016—2022 年黔南州 9 个大冰雹云单体

单体序列	个例日期	降雹点	首次降雹起止时间	最大冰雹直径/mm
1	20160320	福泉县城	15 时 07 分—15 时 10 分	20
2	20160320	三都县多地	18 时 08 分—18 时 45 分	38
3	20160409	平塘县多乡镇	19 时 42 分—19 时 47 分	40
4	20190304	长顺、惠水、平塘县	18 时 28 分—18 时 33 分	50

续表

单体序列	个例日期	降雹点	首次降雹起止时间	最大冰雹直径/mm
5	20200106	龙里县	18 时 55 分—19 时 02 分	20
6	20200229	长顺县广顺	17 时 26 分—17 时 28 分	20
7	20200323	长顺县鼓扬、代化	17 时 24 分—17 时 27 分	40
8	20200418	长顺县凯佐、惠水	17 时 21 分—17 时 30 分	30
9	20220316	罗甸县罗暮、沫村	18 时 55 分—19 时 05 分	35

2 冰雹过程的移动路径及雷达回波参数分析

2.1 20160320 冰雹天气过程

造成黔南州本次降雹的冰雹云单体有两个，均为黔南州本地生成，属于偏西路径（图 1），第一个冰雹云（偏北那条）在贵定西北部初生，向偏东方向移动，15 时 07—10 分造成福泉本站降雹，冰雹直径 20 mm；第二个冰雹云（偏南）在都匀县东南部初生，偏西方向移动，18 时 08—45 分造成三都县多个乡镇降雹，最大冰雹直径 38 mm，以下分析分别以 15 时 07 分、18 时 08 分降雹时刻为第一个、第二个冰雹云的 t_0 时刻。

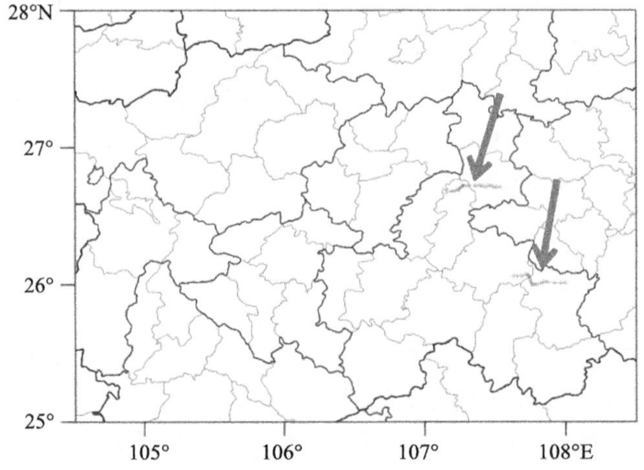

图 1　20160320 影响黔南州的冰雹云移动路径（点线）

第一个冰雹云单体：由图 2a 可知，冰雹云从生成到降雹共 23 个体扫，冰雹云初生时刻（t_{-23}）Z_{max} 为 30 dBZ，随后持续发展增强，在 t_{-14} 增强到 65 dBZ，持续到降雹时刻均在 60～65 dBZ，整体来看，此冰雹云从初生到发展阶段 Z_{max} 从 30 dBZ 增强到 65 dBZ，在成熟和降雹阶段 Z_{max} 维持在 60～65 dBZ；VIL_{max} 变化趋势与 Z_{max} 整体一致，并且 t_{-23}～t_{-7} 可分为 3 个增长阶段，第一阶段（t_{-23}～t_{-20}）由 10 kg · m^{-2} 增长到 25 kg · m^{-2}，第二阶段（t_{-18}～t_{-13}）缓慢增长，从 20 kg · m^{-2} 增长到 35 kg · m^{-2}，第三阶段降雹前 42 min（t_{-8}～t_{-7}）从 25 kg · m^{-2} 跃增到峰值 40 kg · m^{-2}。

由图 2b 可知，冰水比值变化不显著，从初生到降雹阶段大多数时刻在 1.500～2.200 摆动，只是在 t_{-11}～t_{-8}阶段冰水比值先显著下降后又明显上升，较 VIL_{max}跃增提前 1 个体扫。

结合各参数高度图 2c 可见，此冰雹云从初生到降雹时刻，回波顶高均明显超过－20 ℃层高度(7 km)，最高达 12.8 km；45 dBZ 回波高度(H_{45dBZ})在发展阶段从 0 ℃层高度逐步上升，到 t_{-14}时刻突破－20 ℃层高度，t_{-12}时刻最高达 10.1 km，之后的 3 个体扫有所下降，但t_{-9}～t_{-8}再次突破－20 ℃层高度；55 dBZ 回波高度(H_{55dBZ})t_{-16}时刻开始超过－0 ℃层高度，然后波动上升，t_{-9}～t_{-7}继续上升，t_{-7}和 t_{-5}超过－20 ℃层高度，最高达到 8.6 km。

以上可见本次冰雹个例在 t_{-9}～t_{-8}时段，即降雹前 47～41 min，各参数均出现了明显的跃增，尤其是冰水比例从 1.0 上升到 1.75，H_{45dBZ}从 5.7 km 上升到－20 ℃层高度以上(达 9 km)，同时 H_{55dBZ}也突破－20 ℃层高度(7 km)，此结论可以作为冰雹的识别和预警指标。

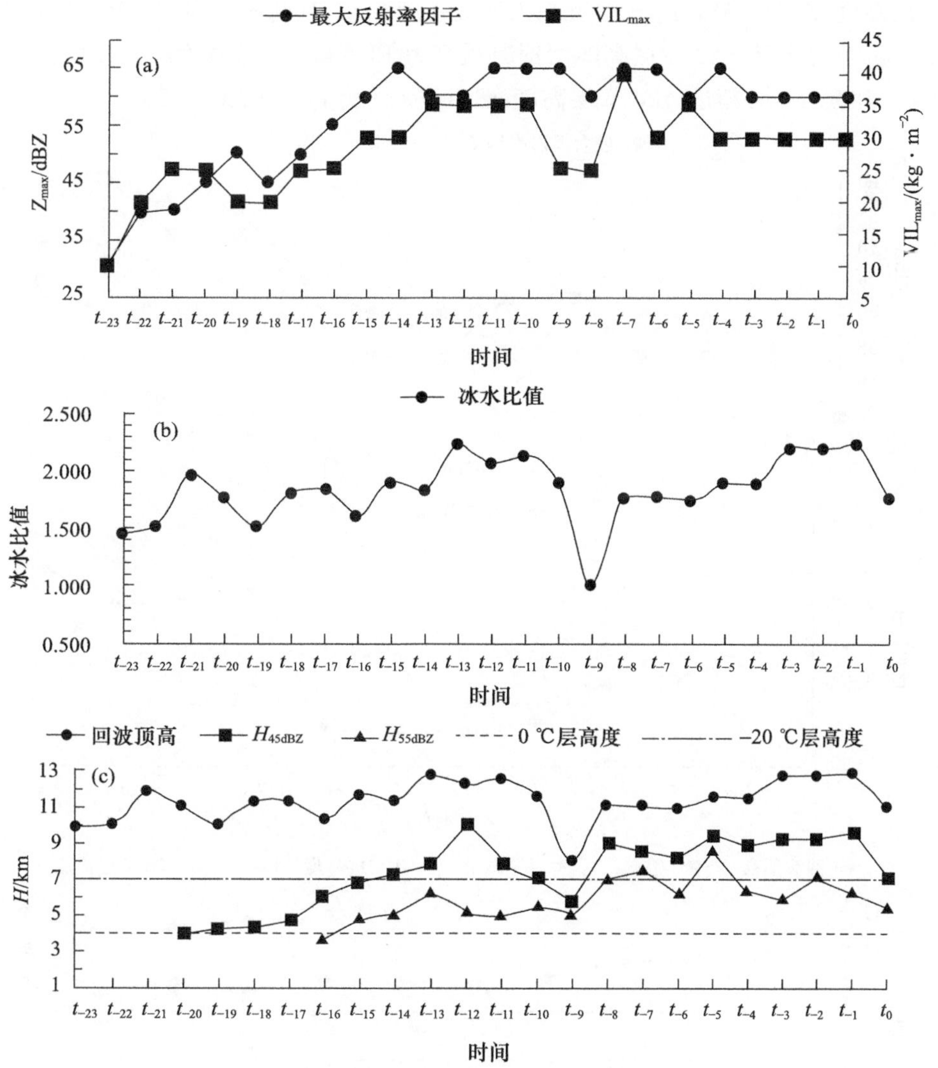

图 2　20160320 第一个冰雹云单体从初生到降雹时刻雷达特征参数时间演变

(a)最大反射率因子、垂直累积液态水含量；(b)冰水比值；

(c)反射率因子回波顶高、45 dBZ、55 dBZ、0 ℃层高度及－20 ℃层高度第二个冰雹云单体：由图 3a 可知，冰雹云从初生到第一次降雹仅 11 个体扫，较第一个冰雹云持续时间短、强度偏弱，冰雹云初生时刻（t_{-11}）Z_{max}仅 25 dBZ，随后变化缓慢，先增强后减弱再逐步增强，t_{-4}时刻开始到降雹时刻强度迅速增强到 55 dBZ；VIL_{max}变化趋势与 Z_{max}整体变化差异不大，冰雹云初生时刻（t_{-11}）VIL_{max}仅 10 kg · m^{-2}，随后变化缓慢，先增强后减弱再逐步增强，到降雹时刻强度为 30 kg · m^{-2}；降雹前 42 min（t_{-8}）特征不明显，17 时 49 分（t_{-4}）这两项指标才开始逐步增强。

由图 3b 可知，冰水比值在 t_{-11}～t_{-7}阶段先逐步下降，t_{-7}～t_{-4}阶段冰水比值稳定在较低值，t_{-4}～t_{-3}显著跃增，从 1.250 到 2.075，较 Z_{max}、VIL_{max}跃增明显，之后高位维持。

结合各参数高度图 3c 可见，此冰雹云从初生到降雹时刻，反射率因子的回波顶高均明显超过－20 ℃层高度（7 km），最高达 12.3 km；因回波强度在 t_{-3}时刻才达到 45 dBZ，此时 45 dBZ 回波高度（H_{45dBZ}）已经突破－20 ℃层高度，t_0时刻最高为 10.8 km；回波强度在 t_{-2}时刻才达到，此时 55 dBZ 回波高度（H_{55dBZ}）超过－20 ℃层高度，然后波动上升，到 t_0时刻达最高 9.2 km。

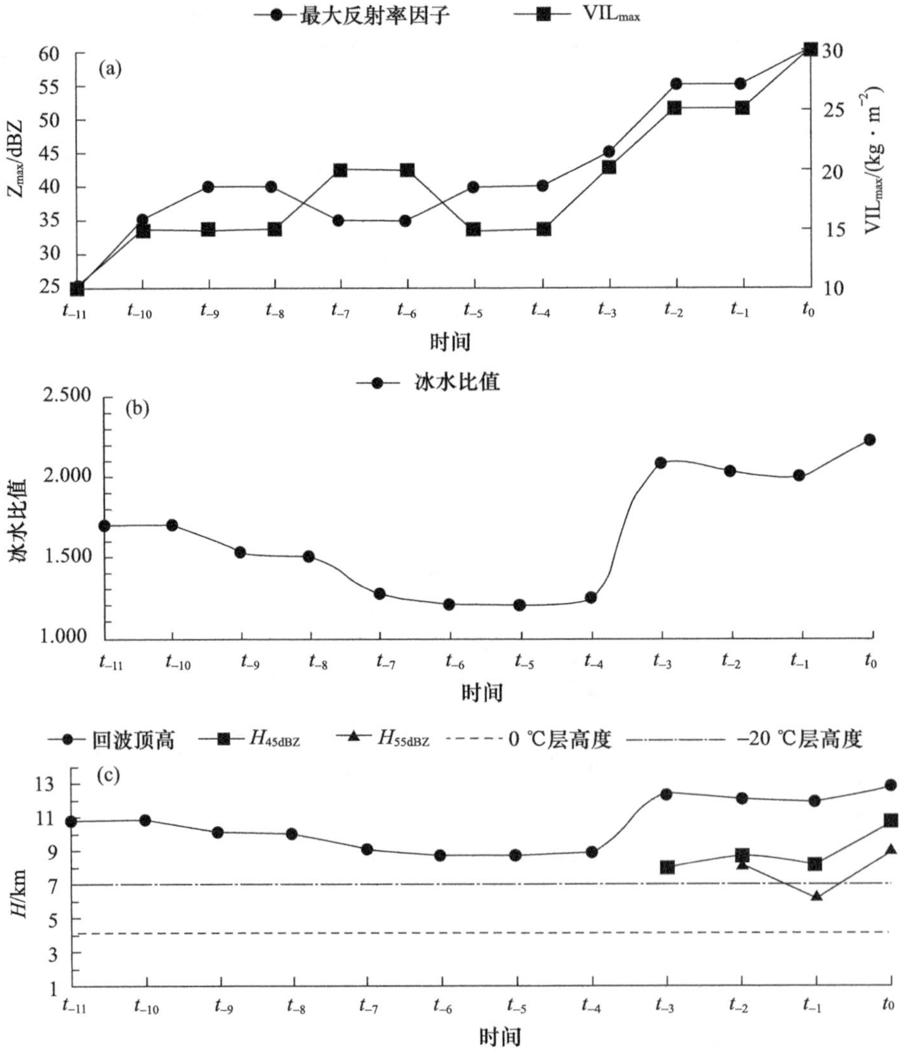

图 3　20160320 第二个冰雹云单体从初生到降雹时刻雷达特征参数时间演变

(a)最大反射率因子、垂直累积液态水含量；(b)冰水比值；(c)反射率因子回波顶高、45 dBZ、55 dBZ、0 ℃及－20 ℃高度以上可见本次冰雹天气第二个冰雹云特征不如第一个冰雹云明显，在降雹前 42 min，各参数未出现明显跃增，在 $t_{-4}\sim t_{-3}$ 各参数才出现显著跃增，这对于冰雹的识别提前量是远远不够的，尤其对于人工防雹而言。

2.2 20160409 冰雹天气过程

造成黔南州本次降雹的冰雹云为一个单体(图 4)，对流云 16 时 23 分在安顺东北部生成，向偏东南方向移动，属于西北路径，途经平坝、花溪、龙里、惠水、贵定、平塘、都匀、独山等地，19 时 42—47 分造成平塘县域多乡镇降雹，最大冰雹直径 40 mm，随后继续东南移动，于 19 时 52—56 分再次造成独山城关降雹，冰雹直径 8 mm，以下分析以 19 时 42 分平塘县域降雹时刻为 t_0 时刻。

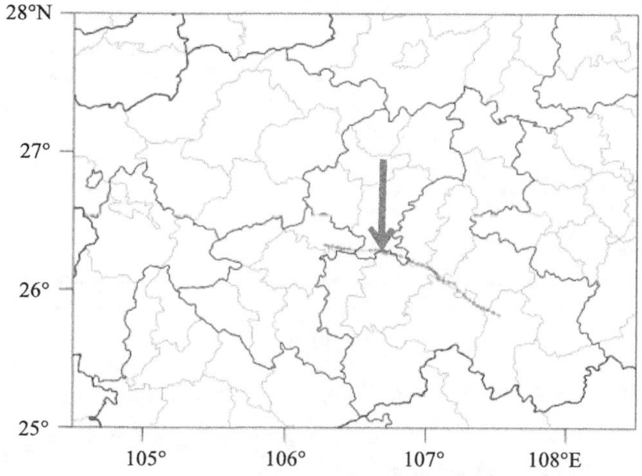

图 4 20160409 影响黔南州的冰雹云移动路径(点线)

由图 5a 可知，冰雹云从生成到降雹共经历了 39 个体扫，冰雹云初生时刻(t_{-39})Z_{max} 为 30 dBZ，之后快速发展增强，在 t_{-36} 增强到 60 dBZ，随后缓慢稳定发展，在 $t_{-30}\sim t_0$ 期间均在 60～70 dBZ 高位维持；VIL_{max} 变化趋势与 Z_{max} 整体一致，在 $t_{-39}\sim t_{-10}$ 期间经历 4 次波动上升，从 10 kg・m^{-2} 增长到 50 kg・m^{-2}，尤其是第一次跃增，4 个体扫从 10 kg・m^{-2} 增长到 30 kg・m^{-2}，降雹前 42 min(t_{-8})此两个特征均不明显，是在高位维持。

由图 5b 可知，冰水比值的变化 VIL_{max} 趋势一致，从初生时刻的 0.942 到 t_{-15} 时刻达最高 2.883，随后波动维持，降雹前 t_{-6} 时刻开始再次增长到最高值 2.883。

结合各参数高度图 5c 可见，此冰雹云从初生到降雹时刻，回波顶高均明显超过－20 ℃层高度(6.91 km)，最高达 16 km 以上；45 dBZ 回波高度(H_{45dBZ})在发展阶段从 0 ℃层高度逐步上升，到 t_{-33} 时刻突破－20 ℃层高度，t_{-4} 时刻达最高 12.8 km，之后 4 个体扫有所下降；55 dBZ回波高度(H_{55dBZ})t_{-37} 时刻开始就超过 0 ℃层高度，然后与 H_{45dBZ} 同步高位波动，t_{-32} 时刻开始就突破了－20 ℃层高度，t_{-4} 时刻达到本次最高值 11.7 km。

以上可见本次冰雹个例初生到黔南州降雹时间较长，历经 3 h 以上，但是从初生后各特征均快速增长，1 h 内达到较高值，然后稳定在高位波动，此次冰雹云发展快、维持时间长、发展高度高，达到超级单体标准，H_{45dBZ}、H_{55dBZ} 均突破－20 ℃层高度(6.91 km)。

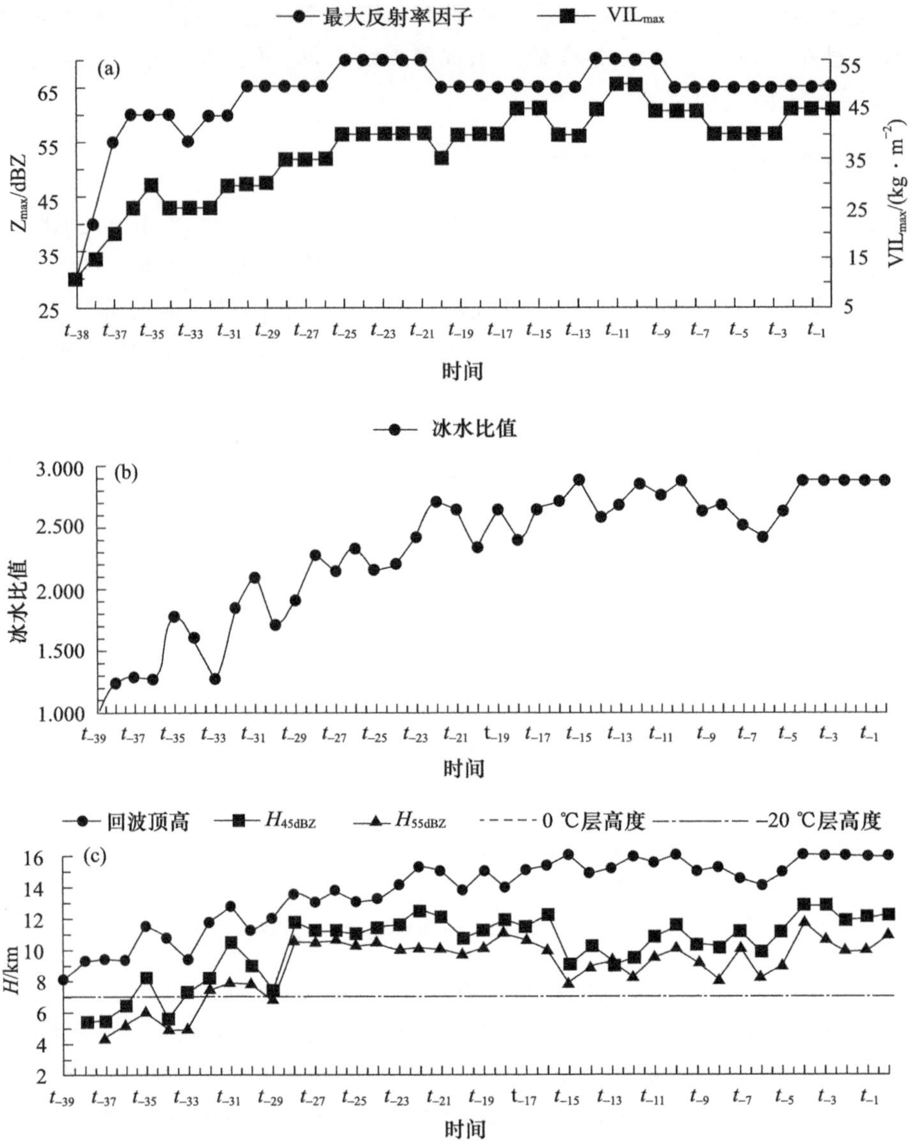

图 5　20160409 冰雹云单体从初生到降雹时刻雷达特征参数时间演变

(a)最大反射率因子、垂直累积液态水含量;(b)冰水比值;

(c)反射率因子回波顶高、45 dBZ、55 dBZ、0 ℃及－20 ℃高度

2.3　20190304 冰雹天气过程

造成本次黔南州降雹的冰雹云有 3 个单体，均为境外移入的，源地位于黔西南州的晴隆县和兴仁市，均属于偏西路径，其中造成大冰雹的冰雹云路径见图 6 中最长的一条，冰雹云途经晴隆、关岭、镇宁、西秀、长顺、惠水、平塘等地，造成黔南州三地降大冰雹，冰雹云于 16 时 52 分在晴隆县东部初生，并向东偏北方向移动，18 时 14 分移到长顺县的新寨乡后开始转向东略偏南方向移动，18 时 28—33 分造成长顺县降雹，直径为 28 mm，18 时 42 分惠水县降雹，最大冰雹直径 50 mm，19 时 54 分平塘县降雹，最大冰雹直径 20 mm，以下分析以长顺县降大冰雹(18

时 28 分）为 t_0 时刻。

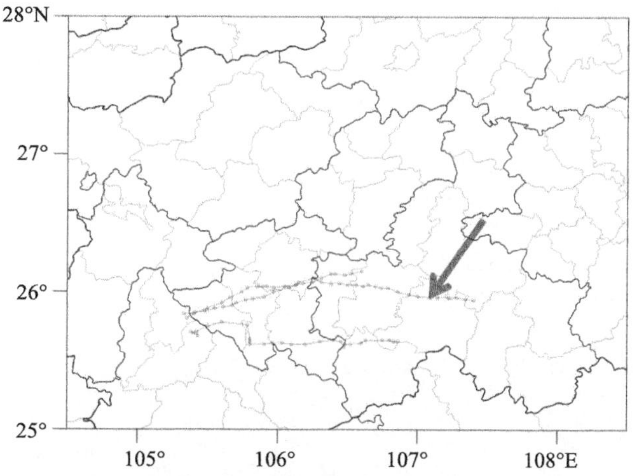

图 6　20190304 影响黔南州的冰雹云移动路径（点线）

由图 7a 可知，冰雹云从生成到第一次降雹共经历了 18 个体扫，冰雹云初生时刻（t_{-19}）Z_{max} 为 40 dBZ，之后快速发展增强，到 t_{-12} 增强达 65 dBZ，随后缓慢稳定在 60～65 dBZ 波动；VIL_{max} 变化趋势与 Z_{max} 整体一致，t_{-14}～t_{-10} 期间快速跃增，从 15 kg·m^{-2} 增长到 40 kg·m^{-2}，降雹前 42 min（t_{-7}）此两个参数在高位持续。

由图 7b 可知，冰水比值的变化与 VIL_{max} 趋势一致，在发展期从初生时刻的 0.798 到 t_{-9} 时刻达到最高 2.652，随后 2 个体扫缓慢下降，后 1 个体扫 t_{-6} 时刻再跃增到最大值 3.017。

结合各参数高度图 7c 可见，此次冰雹云从初生到降雹时刻，回波顶高均明显超过－20 ℃层高度（6.71 km），最高达 14.3 km；45 dBZ 回波高度（H_{45dBZ}）在发展阶段从 0 ℃层高度逐步上升，到 t_{-14} 时刻突破－20 ℃层高度，t_{-1} 时刻最高达 10.3 km；55 dBZ 回波高度（H_{55dBZ}）变化趋势与 H_{45dBZ} 较一致，在发展阶段从 0 ℃层高度逐步上升，t_{-10} 时刻开始就突破－20 ℃高度层，然后与 H_{45dBZ} 同步高位波动，t_{-6} 时刻达到本次最高值为 8.8 km。

以上可见本次冰雹个例初生到降雹时间历经 99 min，但是从初生到冰雹云发展阶段各特征就快速增长，t_{-6} 时刻降雹前 0.5 h 达到最高值，然后稳定在高位波动，此次冰雹云在发展阶段发展快、成熟阶段维持时间较长、高度较高，H_{45dBZ}、H_{55dBZ} 分别在 t_{-14}、t_{-10} 时刻突破－20 ℃层高度（6.71 km）。

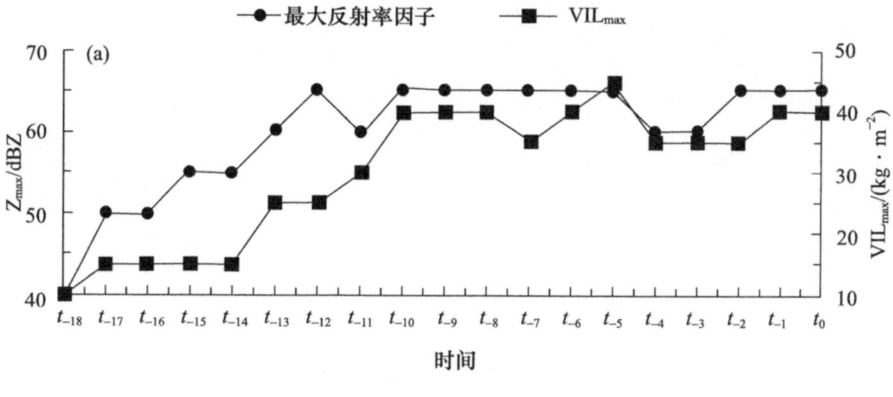

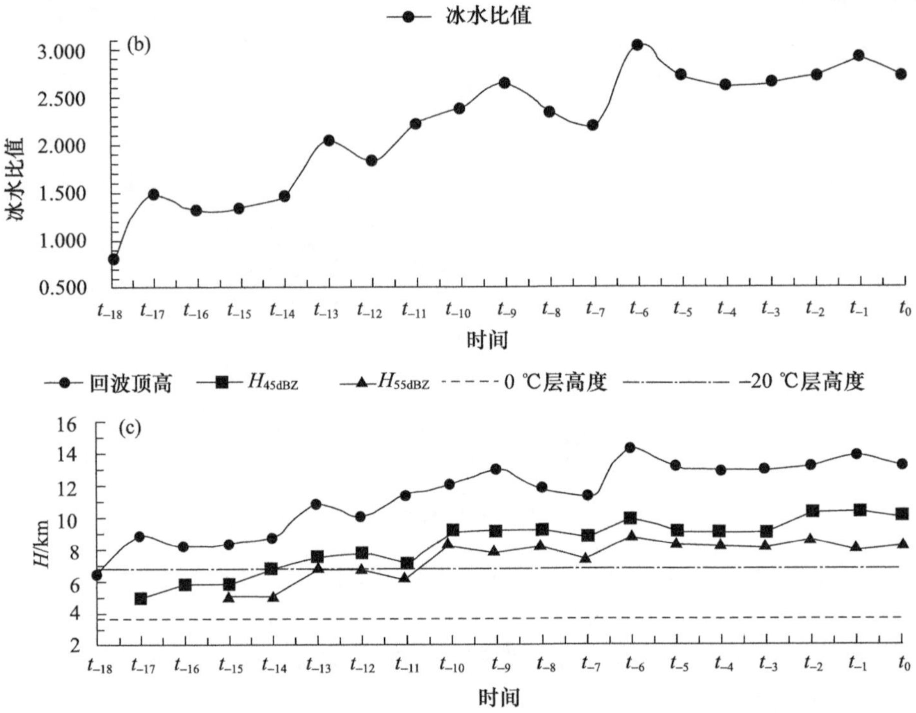

图 7　20190304 冰雹云单体从初生到降雹时刻雷达特征参数时间演变

(a)最大反射率因子、垂直累积液态水含量；(b)冰水比值；

(c)反射率因子回波顶高、45 dBZ、55 dBZ、0 ℃及－20 ℃高度

2.4　20200106 冰雹天气过程

本次造成黔南州降雹的冰雹云有 4 个单体(图 8)，有 1 个为本地生成，其余 3 个均为境外移入的，境外移入的源地位于安顺市的关岭县和镇宁县，均属于偏西南路径，此次降了大冰雹的冰雹云路径是图 8 中最长的路径，此冰雹云途经镇宁、西秀、长顺、花溪、龙里、贵定、福泉等

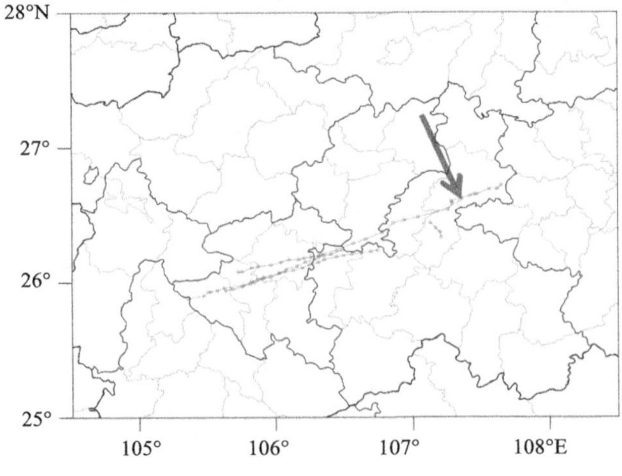

图 8　2020-01-06 影响黔南州的冰雹云移动路径(点线)

地，造成黔南州 4 县域 6 地降雹，16 时 25 分冰雹云在镇宁县初生，并一直向东偏北方向移动，18 时 15 分移到长顺县景云关炮站，本冰雹云单体第一次降雹，直径 15 mm，随后继续东北移，18 时 55 分—19 时 02 分龙里县降雹，最大冰雹直径 20 mm，故本次个例以龙里县降大冰雹时刻 18 时 55 分为 t_0时刻。

由图 9a 可知，冰雹云从生成到第一次降大冰雹共经历了 28 个体扫，冰雹云初生时刻(t_{-28})Z_{max}为 35 dBZ，之后快速发展增强，到 t_{-19}增强达 65 dBZ，随后 1 个体扫回落，后再次增长到 t_{-14}时刻的 70 dBZ，然后高位维持了 4 个体扫，长顺降雹后有所回落，t_{-6}时刻第三次增长，到降大冰雹前的 2 个体扫(t_{-2})达到本冰雹云单体的最强时刻，Z_{max}达 75 dBZ；VIL_{max}变化趋势在发展和成熟阶段的增长、回落、增长过程与 Z_{max}整体一致，到 t_{-14}时刻达到最大值 50 kg · m^{-2}，从 t_{-8}时刻第一次降雹缓慢下降，降雹前 42 min(t_{-8})此两个特征处于高位持续阶段。

由图 9b 可知，冰水比值的变化与 VIL_{max}趋势较一致，在发展期从初生时刻的 1.210 到 t_{-20}时刻达到较高 2.812，随后 4 个体扫缓慢下降，后 1 个体扫 t_{-15}时刻再次跃增到本次最大值 3.144，后再次回落，经历 1 个体扫增长后有所回落到 t_{-7}时刻，在降大冰雹前持续在 2.200～2.300 高位维持。

结合各参数高度图 9c 可见，此冰雹云从初生到降大冰雹期间，回波顶高均明显超过－20 ℃层高度(6.86 km)，最高达 14.1 km；本次冰雹云的 45 dBZ 回波高度(H_{45dBZ})从初生后 2 个体扫就突破－20 ℃层高度，到降大冰雹前均明显超过－20 ℃层高度(6.86 km)，最高达 10.9 km；55 dBZ 回波高度(H_{55dBZ})变化趋势与 H_{45dBZ}较一致，从初生后 4 个体扫就突破－20 ℃层高度，除第一次降雹后有所下降，到达 6.3 km 外，其余时段均超过－20 ℃层高度(6.86 km)，最高达 9.7 km。

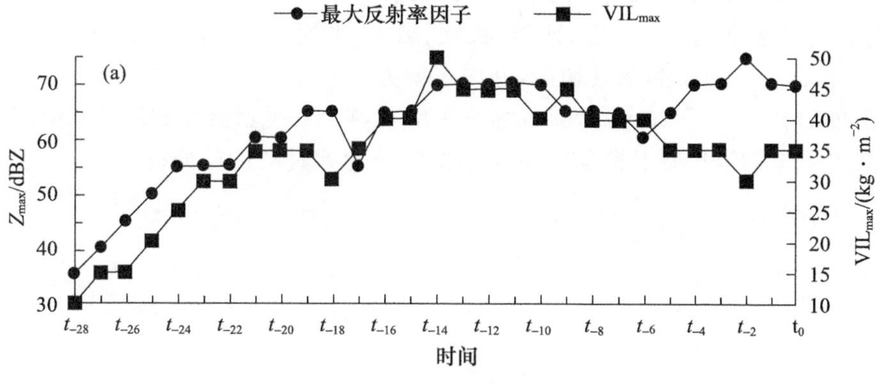

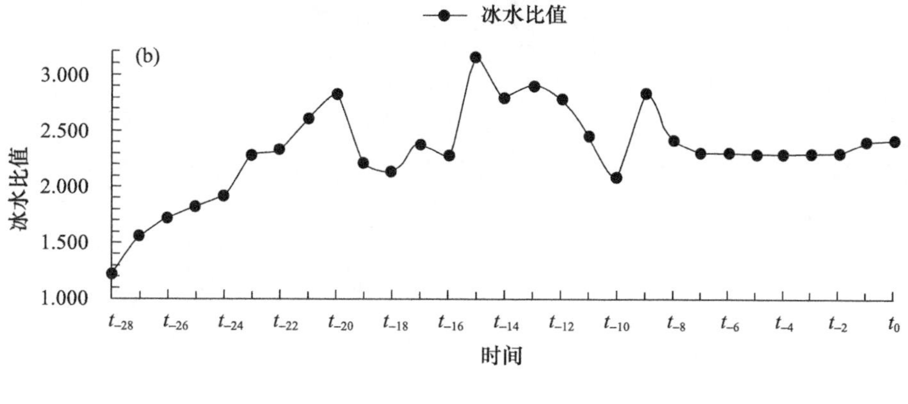

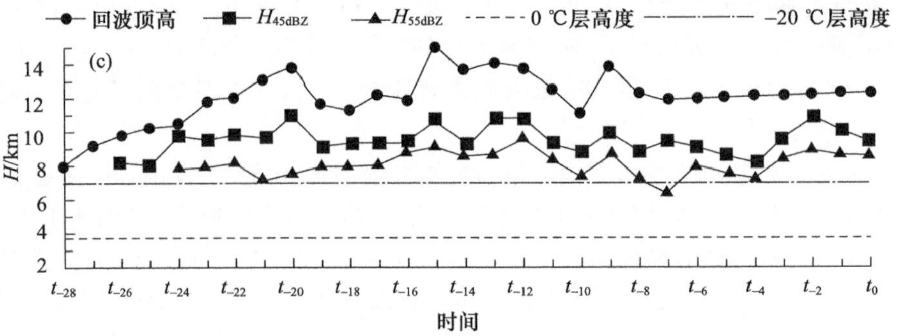

图 9　20200106 冰雹云单体从初生到降雹时刻雷达特征参数时间演变

(a)最大反射率因子、垂直累积液态水含量；(b)冰水比值；

(c)反射率因子回波顶高、45 dBZ、55 dBZ、0 ℃及－20 ℃高度

以上可见本次冰雹个例初生到降大冰雹历经了 153 min，在冰雹云发展阶段各特征均快速增长，随后经历 2 次回落增长过程，稳定在高位波动，此次冰雹云发展阶段发展快、成熟阶段维持时间较长、高度较高，H_{45dBZ}、H_{55dBZ}在冰雹云发展初期（t_{-26}、t_{-24}时刻）就分别突破－20 ℃层高度(6.86 km)。

2.5　20200229 冰雹天气过程

本次造成黔南州降雹的冰雹云有 7 个单体(图 10)，有 4 个为本地生成，其余 3 个为境外移入的，本地生成的均为偏西路径，境外移入的源地分别位于贵阳市南部及毕节市南部，均属于偏西南路径，最长的这条冰雹云路径上降了大冰雹，其余冰雹云路径上均降小到中冰雹，降大冰雹的冰雹云途经赫章、织金、普定、西秀、长顺、惠水、平塘等地，造成黔南州 3 县域 7 地降雹，14 时 41 分冰雹云在毕节市赫章县初生，并向东南方向移动，17 时 25 分移到长顺县广顺，此冰雹云单体第一次降雹，直径 20 mm，随后继续东南移，惠水、平塘县相继降雹，冰雹直径均在 10 mm 以内，故本次个例以广顺县降雹时刻 17 时 25 分为 t_0时刻进行分析。

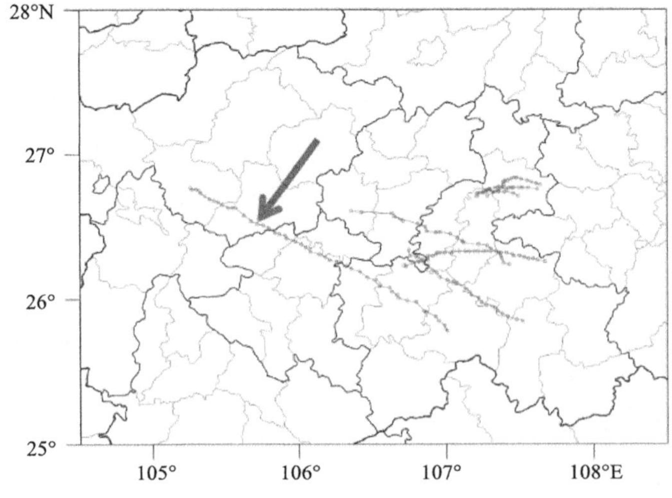

图 10　20200229 影响黔南州的冰雹云移动路径(点线)

由图 11a 可知，冰雹云从 14 时 41 分初生到降大冰雹共经历了 30 个体扫，冰雹云初生时刻(t_{-30})Z_{max}为 40 dBZ，在 15 时 52 分之前并没有快速发展，而是在 40～45 dBZ 维持，从 t_{-17}开始快速跃增到 t_{-14}时刻达 60 dBZ，随后在降大冰雹之前均在 55～60 dBZ 高位维持；VIL_{max}变化趋势与 Z_{max}较一致，只是跃增时间较 Z_{max}提前了 2 个体扫，从 t_{-19}的 10 $kg \cdot m^{-2}$到 t_{-12}时刻达到最大值 30 $kg \cdot m^{-2}$，之后在降大冰雹之前在 25～30 $kg \cdot m^{-2}$维持，降雹前 42 min(t_{-8})这两个特征均处于高位持续阶段。

由图 11b 可知，冰水比值的变化 VIL_{max}趋势跃增前较一致，先经历低位酝酿阶段，然后从 t_{-18}时刻开始跃增，从 0.884 到 t_{-16}时刻的 1.909，之后呈高低波动态势，到 t_{-9}时刻到达本次最大值 2.269，之后波动回落，降雹前 42 min(t_{-8})冰水比值为 2.158。

结合各参数高度图 11c 可见，此次冰雹云各参数高度均较其他个例低，从初生到降大冰雹期间，回波顶高绝大部分体扫虽然超过－20 ℃层高度(6.46 km)，但最高仅达 11.8 km；45 dBZ回波高度(H_{45dBZ})从初生在酝酿阶段在 0 ℃层高度到－20 ℃层高度之间波动，t_{-17}时刻才突破－20 ℃层高度(6.46 km)，之后在－20 ℃层高度附近摆动，降雹前 42 min(t_{-8})为 6.8 km；由于本冰雹单体回波强度不大，到 t_{-15}时刻才有 55 dBZ 回波出现，其高度仅有 3 个时刻突破－20 ℃层高度，最高为 7.5 km，其余时刻均在 0 ℃层高度到－20 ℃层高度之间波动，降雹前 42 min(t_{-8})55 dBZ 回波高度(H_{55dBZ})仅 4.3 km。

以上可见本次大冰雹个例初生到降大冰雹历经了 162 min，冰雹云从初生到酝酿阶段比较长，近 1 h，之后才快速增长，到最高值后呈上下波动变化，并且此次冰雹云强度较小、高度低，H_{45dBZ}、H_{55dBZ}在降雹前 42 min 分别为 6.8 km、4.3 km。

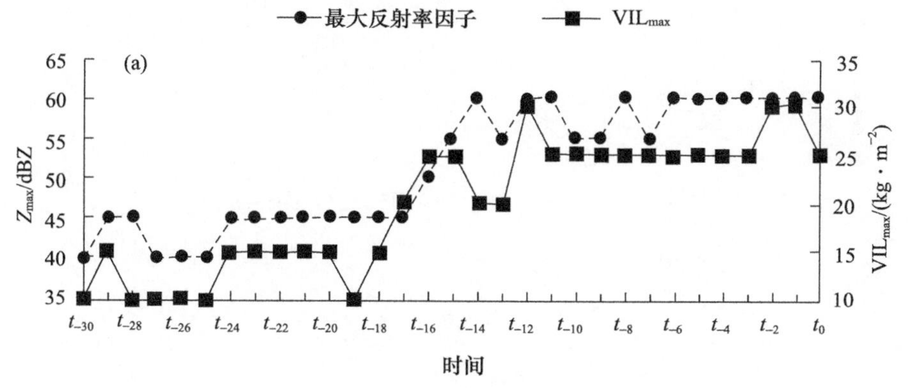

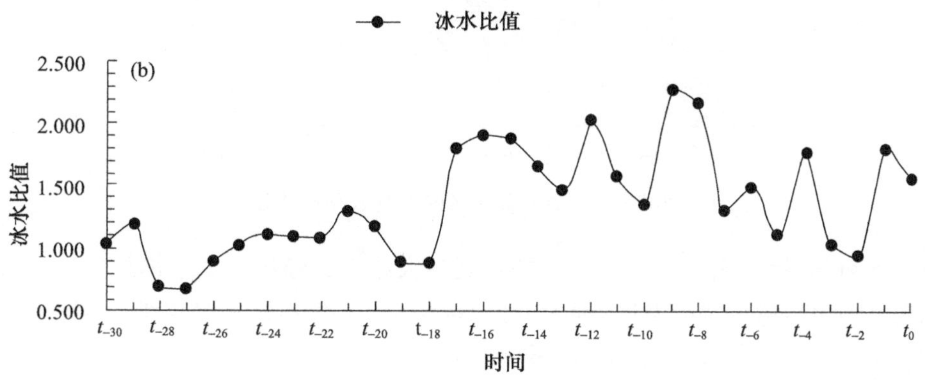

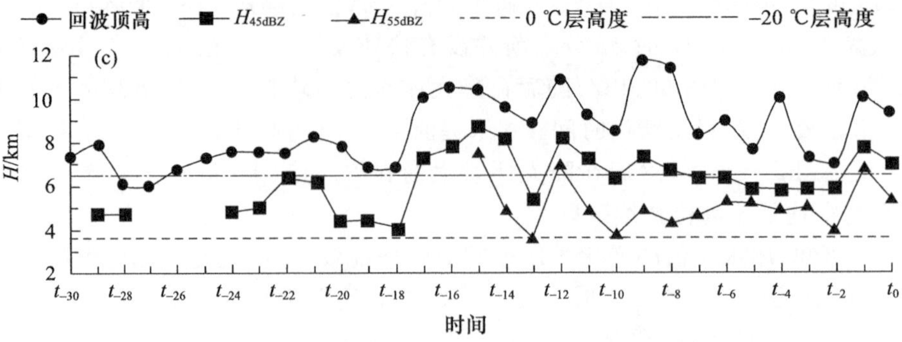

图 11　20200229 冰雹云单体从初生到降雹时刻雷达特征参数时间演变

(a)最大反射率因子、垂直累积液态水含量；(b)冰水比值；

(c)反射率因子回波顶高、45 dBZ、55 dBZ、0 ℃及－20 ℃高度

2.6　20200323 冰雹天气过程

造成本次黔南州降雹的冰雹云有 6 个单体(图 12)，有 3 个为本地生成，均为西偏南路径，其余 3 个为境外移入，源地分别位于安顺市及毕节市东部，有 2 条为偏西路径，1 条为西南路径(降大冰雹)，于 16 时 36 分在安顺紫云初生，随后东北移动，主要影响长顺，造成长顺县鼓扬、代化 2 个乡镇 6 次均降大冰雹，最大冰雹 40 mm，第一次降大冰雹是 17 时 24—27 分长顺鼓扬，冰雹直径为 35 mm，本次个例以长顺鼓扬 17 时 24 分降大冰雹时刻为 t_0 时刻进行分析。

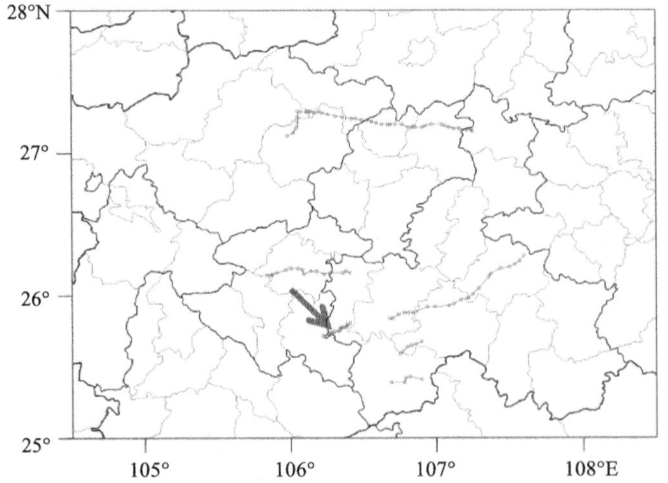

图 12　20200323 影响黔南州的冰雹云移动路径(点线)

由图 13a 可知，冰雹云从 16 时 36 分初生到降大冰雹仅经历了 9 个体扫，冰雹云初生时刻(t_{-9})Z_{max} 为 35 dBZ，然后持续发展，到 t_{-4} 时刻增强至 55 dBZ，之后稳定维持，降雹时刻略有增加；VIL_{max} 变化趋势与 Z_{max} 较一致，从初生时刻的 10 kg·m^{-2} 跃增到 t_{-4} 时刻的 25 kg·m^{-2}，之后稳定维持到降雹时刻，降雹前 42 min(t_{-8})这两个特征均不高，分别是 45 dBZ、15 kg·m^{-2}。

由图 13b 可知，冰水比值的变化与 VIL_{max} 趋势一致，从初生时刻的 1.147 跃增到 t_{-4} 时刻的 1.827，之后稳定少动，降雹时刻为 1.880，降雹前 42 min（t_{-8}）这一特征也不高，仅为 1.147。

结合各参数高度图 13c 可见，此次冰雹云各参数高度不高，从初生到降大冰雹期间，回波顶高均超过－20 ℃层高度（6.89 km），但最高仅达 11 km（t_0）；45 dBZ 回波高度（H_{45dBZ}）t_{-8}～t_{-4} 时刻大部分在 0 ℃层高度到－20 ℃层高度之间，t_{-3} 时刻突破－20 ℃层高度；由于本单体回波强度不大，到 t_{-4} 时刻才有 55 dBZ 回波出现，其高度在 t_{-1} 时刻才突破－0 ℃层高度，降雹时刻 t_0 最高为 7.3 km（突破－20 ℃层高度）。

以上可见本次大冰雹个例从初生到降大冰雹仅历经了 49 min，冰雹云总体强度不强、高度不高，酝酿发展阶段比较短，仅 33 min，之后除 45 dBZ 回波高度（H_{45dBZ}）持续增高外，其余参数均在高位维持，H_{45dBZ} 在降雹前 42 min 为 5.4 km。

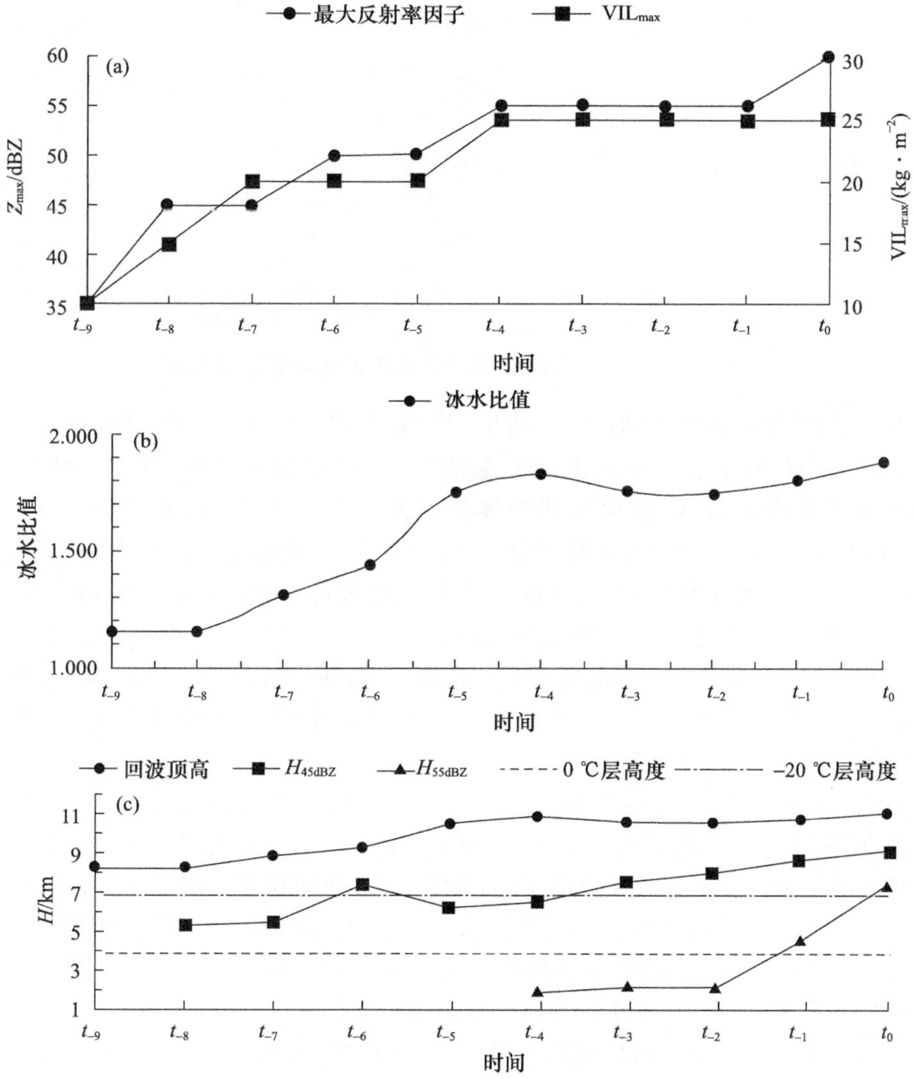

图 13　20200323 冰雹云单体从初生到降雹时刻雷达特征参数时间演变

（a）最大反射率因子、垂直累积液态水含量；（b）冰水比值；

（c）反射率因子回波顶高、45 dBZ、55 dBZ、0 ℃层及－20 ℃层高度

2.7 20200418 冰雹天气过程

造成本次黔南州降雹的冰雹云仅 1 个单体(图 14),为境外移入型,属于西北路径,此冰雹云 14 时 17 分在六盘水水城初生,随后向东南移动,主要影响水城、纳雍、织金、普定、西秀、平坝、长顺、惠水、平塘,造成长顺、惠水、平塘 3 县域 6 地降雹,其中 3 地降大冰雹,最大冰雹 30 mm(惠水城区),第一次降大冰雹是 17 时 21—30 分长顺凯佐,冰雹直径为 20 mm,本次个例以长顺凯佐 17 时 21 分降雹时刻为 t_0 时刻进行分析。

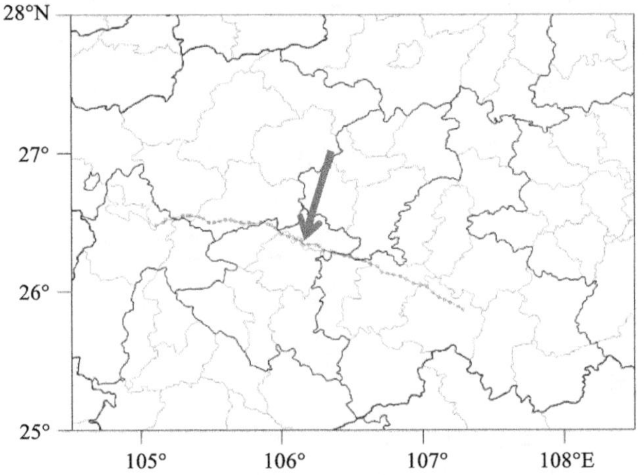

图 14 20200418 影响黔南州的冰雹云移动路径(点线)

由图 15a 可知,冰雹云从 14 时 17 分初生到降大冰雹经历了 34 个体扫,冰雹云初生时刻(t_{-34})Z_{max} 为 40 dBZ,在 t_{-25} 时刻之前为酝酿阶段,之后才快速发展,到 t_{-19} 时刻强度达 70 dBZ,然后高位维持略回落,降雹前第四个体扫开始又有所上升,到 t_0 时刻 Z_{max} 为 70 dBZ;VIL_{max} 变化趋势与 Z_{max} 较一致,初生时刻为 10 kg·m^{-2},在 t_{-25} 时刻之前为酝酿阶段,之后快速发展,跃增到 t_{-17} 时刻强度达 45 kg·m^{-2},之后稳定维持,降雹时刻为 35 kg·m^{-2},降雹前 42 min(t_{-8})这两个特征分别为 65 dBZ、30 kg·m^{-2}。

由图 15b 可知,冰水比值的变化与 VIL_{max} 趋势一致,初生时刻为 0.302,在 t_{-24} 时刻之前为酝酿阶段,之后快速发展跃增到 t_{-17} 时刻的 2.059,之后缓慢下降后再略上升,降雹时刻为 1.711,降雹前 42 min(t_{-8})冰水比值为 1.278。

结合各参数高度图 15c 可见,与冰水比值变化趋势较一致,从初生到酝酿阶段,回波顶高在 0 ℃层高度到−20 ℃层高度之间,从 t_{-23} 时刻突破−20 ℃层高度(7.5 km),之后逐步上升,到 t_{-17} 时刻达最高 14.1 km,之后缓慢下降后再略上升,期间均在−20 ℃层高度以上;45 dBZ 回波高度(H_{45dBZ})与回波顶高发展趋势相同,从 t_{-21} 之后突破−20 ℃层高度,到 t_0 时刻大部分在−20 ℃层高度以上;由于本单体前期回波强度不大,到 t_{-23} 时刻才出现 55 dBZ 回波,其高度除 1 个时刻外均突破−0 ℃层高度,t_{-12} 时刻最高为 9.1 km。

以上可见本次大冰雹个例初生到降大冰雹历经了 184 min,冰雹云总体强度强、高度高,酝酿到发展阶段比较长,经历了 90 min,之后各特征参数先回落再增强,最大回波强度、VIL_{max}、冰水比值、各参数高度(回波顶高、H_{45dBZ}、H_{55dBZ})在降雹前 42 min 分别为 65 dBZ、30 kg·m^{-2}、1.278、10.5 km、8.2 km、7.5 km。

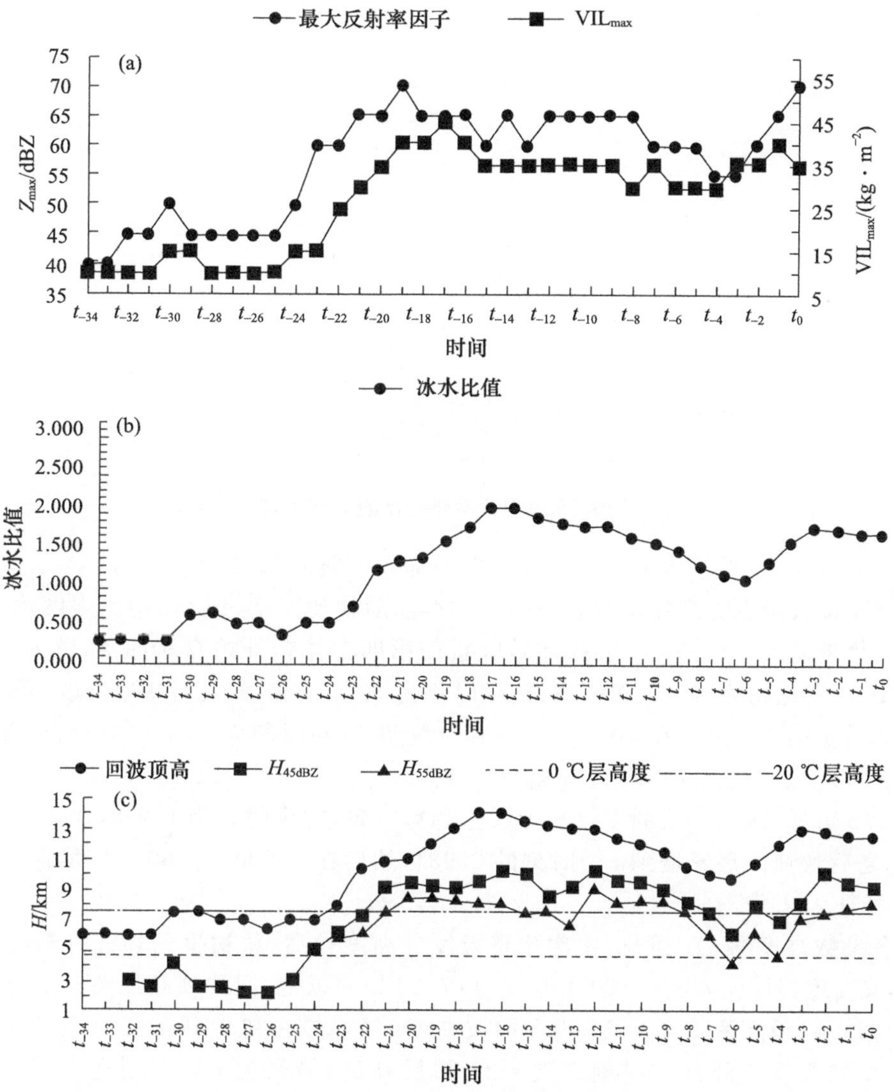

图 15 20200418 冰雹云单体从初生到降雹时刻雷达特征参数时间演变

(a)最大反射率因子、垂直累积液态水含量;(b)冰水比值;

(c)反射率因子回波顶高、45 dBZ、55 dBZ、0 ℃层及－20 ℃层高度

2.8 20220316 冰雹天气过程

本次造成黔南州降雹的冰雹云为 5 个单体(图 16),路径均为西北路径,仅 1 个为本地生成型,其余 4 个均为境外移入型,造成黔南州降大冰雹的冰雹云为最南端的这条,本冰雹云 15 时 03 分在黔西南晴隆初生,随后向东南移动,主要影响关岭、镇宁、望谟、罗甸,造成罗甸 2 地降大冰雹,最大冰雹直径 30 mm(罗甸罗暮、沫村),第一次降大冰雹是 18 时 40 分—19 时 10 分罗甸罗暮,冰雹直径为 30 mm,本次个例以罗甸罗暮 18 时 40 分降大冰雹时刻为 t_0时刻进行分析。

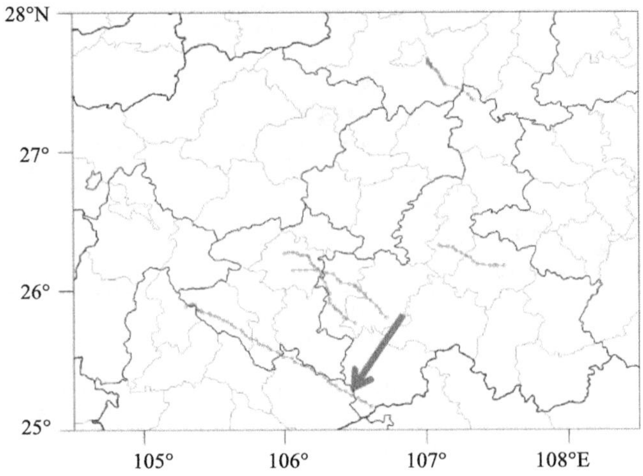

图 16　20220316 影响黔南州的冰雹云移动路径(点线)

由图 17a 可知,冰雹云从 15 时 03 分初生到降大冰雹时刻(18 时 40 分)经历了 41 个体扫(219 min),冰雹云初生时刻(t_{-41})Z_{max}为 50 dBZ,然后快速跃增,到 t_{-36}时刻强度达 70 dBZ,然后处于高位维持阶段(65～70 dBZ 摆动),降雹前第四个体扫开始有所回落,到 t_0 时刻 Z_{max} 为 65 dBZ;VIL_{max}变化趋势与 Z_{max} 较一致,初生时刻为 20 kg · m^{-2},之后快速发展,跃增到 t_{-32}时刻强度达 60 kg · m^{-2},之后在 40～65 kg · m^{-2}波动,降雹时刻为 55 kg · m^{-2},降雹前 42 min (t_{-8})Z_{max}和 VIL_{max}分别是 70 dBZ、55 kg · m^{-2}。

由图 17b 可知,冰水比值的变化与 VIL_{max}趋势一致,初生时刻为 1.948,在 t_{-36}时刻之前为酝酿阶段,之后快速发展跃增到 t_{-31}时刻的 2.931,然后在 2.200～3.000 波动,降雹前 42 min (t_{-8})这一特征为 2.563。

结合各参数高度图 17c 可见,本次冰雹云发展高度较高,从初生到降雹时刻,回波顶高及 45 dBZ 回波高度(H_{45dBZ})均在−20 ℃层高度(7.28 km)以上,回波顶高最高达 16 km,45 dBZ 回波高度(H_{45dBZ})最高达 12 km;55 dBZ 回波高度(H_{55dBZ})在初生到酝酿阶段处于 0 ℃层高度到−20 ℃层高度之间,t_{-35}时刻突破−20 ℃层高度,最高为 t_{-20}时刻达 11 km,降雹前 2 个体扫有所下降。降雹前 42 min(t_{-8})3 个高度均在−20 ℃层高度(7.28 km)以上,分别为 14.5 km(回波顶高)、9.9 km(H_{45dBZ})、8 km(H_{55dBZ})。

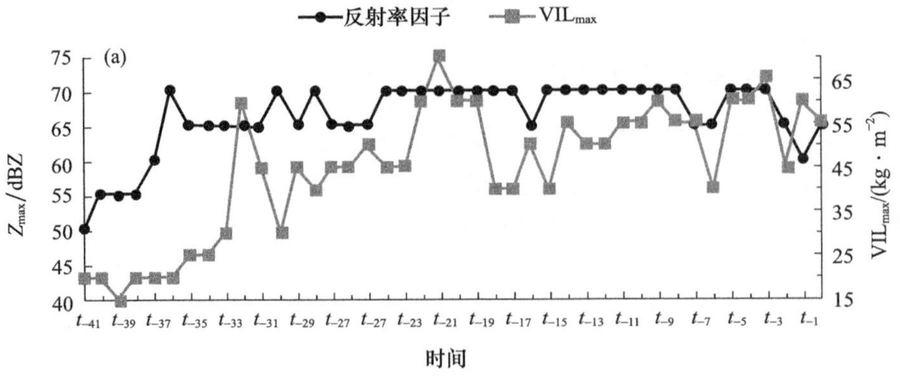

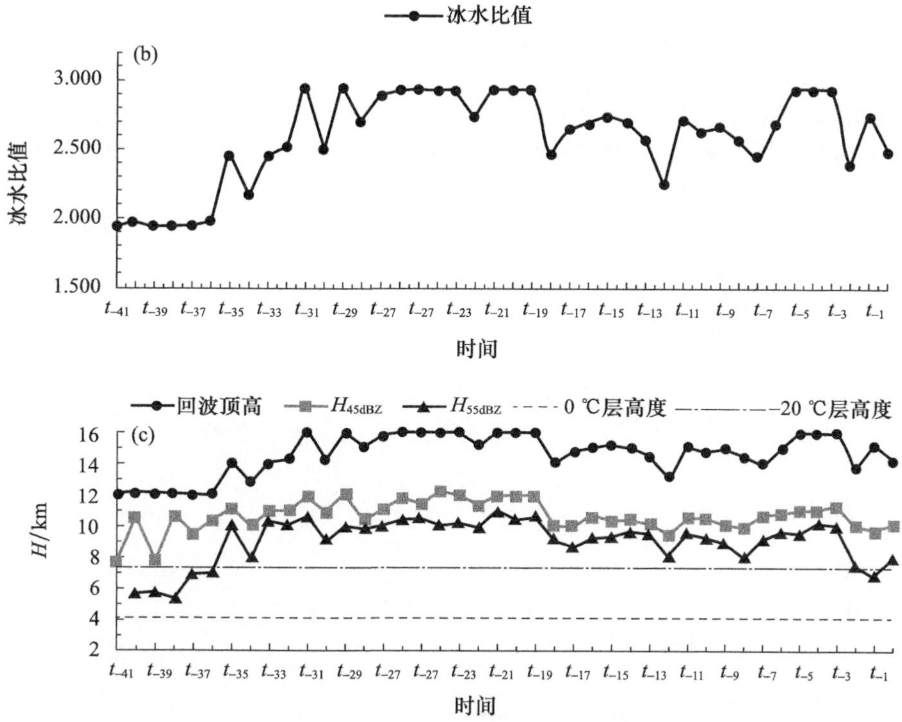

图 17 20220316 冰雹云单体从初生到降雹时刻雷达特征参数时间演变

(a)最大反射率因子、垂直累积液态水含量；(b)冰水比值；

(c)反射率因子回波顶高、45 dBZ、55 dBZ、0 ℃层高度及−20 ℃层高度

以上可见本次大冰雹个例从初生到降大冰雹历经了 219 min，冰雹云强度强、高度高，酝酿发展阶段比较短，经历 50 min，之后各特征参数高位维持波动，反射率因子最大回波强度、VIL_{max}、冰水比值、各参数高度在降雹前 42 min 分别为 70 dBZ、55 kg · m^{-2}、2.563、14.5 km、9.9 km、8 km，明显高于其他个例。

3 结论与讨论

降雹回波从出生到移至黔南州境内并降雹多数持续时间不超过 3 h，在降雹前 45 dBZ 回波高度、55 dBZ 回波高度均超过−20 ℃层高度，此特征可以作为冰雹的识别预警指标。

多数冰雹云单体在冰雹发生前有跃增现象，尤其以最大反射率因子和垂直积分液态水含量更为明显，但不同冰雹云跃增出现时间并不相同，跃增量也并不一致。因此降雹前出现最大反射率因子和垂直积分液态水含量的跃增可以作为冰雹预警的参考，但跃增量的大小及时间还需进一步研究。

参考文献

[1] 周永水，周明飞，原野．多普勒雷达产品在贵州山区的降雹特征[J]．贵州气象，2012，36(1)：40-43.

[2] 吴剑坤，俞小鼎．强冰雹天气的多普勒天气雷达探测与预警技术综述[J]．干旱气象，2009，27(3)：

197-206.

[3] 曾妮，邓安，方鹏，等．一次局地性强冰雹天气的环境背景及雷达产品特征分析[J]．中低纬山地气象，2021，45(2)：23-27.

[4] 杨春艳，陈杨，孟庆怡，等．黔西南一次中β尺度强对流天气分析[J]．中低纬山地气象，2020，45(6)：1-8.

[5] 李皓，邹书平，黄钰，等．基于雷达特征参数的贵州中西部雹云单体跃增特征分析[J]．中低纬山地气象，2023，47(3)：68-72.

黔南州冰雹天气物理量特征分析及阈值研究

赵 杰[1] 罗喜平[2] 莫乙冬[1] 黄麟媛[1] 罗 雄[2]
(1. 黔南州气象局,都匀,558000;2. 贵州省人工影响天气办公室,贵阳,550081)

摘 要:为提高黔南州冰雹预报预警能力,利用黔南州 1999—2021 年 12 个国家级气象站冰雹资料及贵阳探空资料,对 115 次冰雹天气过程中表征不稳定、水汽、热力、动力条件的 19 个物理量参数特征进行统计分析,并提取黔南州地区发生冰雹的物理量阈值。结果表明:冰雹发生前,贵阳探空站的物理量在合适的范围时,黔南州出现冰雹的可能性较大;不同季节冰雹发生前的各物理量存在差异,秋冬季节动力条件表现明显,而春夏季节水汽、热力、层结稳定度条件更为显著;逆温层的出现对中低层气温、气温垂直递减率、低层水汽条件均有明显的影响,从而影响部分物理量的强弱,故按照有无逆温给出 2—5 月黔南州冰雹天气的物理量阈值。

关键词:黔南州,冰雹,物理量特征

引言

冰雹是常见的灾害性天气之一,常常伴随着狂风、暴雨等其他天气过程,每年都给各行各业以及人民生命财产带来巨大损失,冰雹的防御,提前预报预警很重要,冰雹的短时临近预报主要依赖于多普勒天气雷达、气象卫星等观测手段,但由于雷达、卫星等观测资料临近外推预报时效性的限制,冰雹预报仍然要依赖于环境条件的识别。针对冰雹预报问题,不同的学者对相应地区的冰雹物理量特征进行了研究[1-6],贵州也有大量学者对冰雹的气候特征进行了分析[7-10],也有学者围绕冰雹的雷达特征[11-13]、探空资料的应用[14]等开展了研究,目前黔南州的冰雹研究多数为个例的研究[15-17]以及对农业影响分析[18],对于冰雹预报预警的物理量指标研究鲜有涉及,黔南州作为"中国天眼""FAST"所在地,冰雹的提前预报预警以及防御工作尤为重要。曹艳察等[19]将中国海拔低于 3 km 的地区以 1 km 为界,分为一级阶梯(<1 km)和二级阶梯(1~3 km),并得到一级阶梯冰雹出现在具有更不稳定的层结结构、更多不稳定能量、更多水汽含量以及更强的垂直风切变环境中,贵州黔南州地处青藏高原东南部向广西丘陵过渡的斜坡地带,地势北高南低,最高点海拔 1961 m,最低点海拔 242 m,横跨两个阶梯,很有必要开展物理量特征研究,利用 1999—2021 年的贵州省黔南州冰雹资料,旨在找出黔南州冰雹天气的物理量阈值,为今后黔南州冰雹天气的潜势预报提供科学参考,并为冰雹预报准确率的提高奠定基础。

1 资料与方法

1.1 资料

普查1999—2021年黔南州12个国家级气象站(都匀、瓮安、福泉、贵定、龙里、惠水、长顺、罗甸、平塘、独山、荔波、三都)冰雹观测资料,规定1 d中(20时至次日20时,北京时,下同)黔南州内有一个气象站出现冰雹定为一个冰雹日,23年黔南州共计发生了121个冰雹日,选取了探空资料完整的115个冰雹日开展物理量特征分析,其逐月分布如表1,对于白天(08—20时)发生的冰雹,选取当天08时的探空资料,对于夜间(20时至次日08时)发生的冰雹,选取20时的探空资料,其中由于CAPE日变化大,故需对08时探空资料中的CAPE值采用当天14时的地面气温和露点气温进行订正。结合黔南州冰雹路径分析[20],冰雹云均自西向东影响黔南州,故采用冰雹云上游的贵阳探空站(57816)进行统计,提取影响黔南州冰雹天气的物理量。

表1 黔南州1999—2021年115个冰雹日逐月分布 单位:d

	1月	2月	3月	4月	5月	6月	7月	8月	9月	10月	11月	12月
冰雹日	5	10	30	37	20	0	5	4	1	0	3	0

1.2 方法

日常业务中预报员通常使用MICAPS软件分析高低空资料制作冰雹预报,故也采用MICAPS中所能及时获取的19个探空物理量资料进行统计分析研究,其中选取沙氏指数(SI)、抬升指数(LI)、K指数(K)、850 hPa与500 hPa温差($T_{850-500}$)、700 hPa与500 hPa温差($T_{700-500}$)5个物理量分析层结稳定度特征值,选取0～3 km风矢量差(SHR3)、0～6 km风矢量差(SHR6)、对流有效位能(CAPE)、对流抑制能量(CIN)、距地面2 m气温(T_{2m})、强天气威胁指数(SWEAT)6个物理量分析热力与动力条件,选取850 hPa比湿(q_{850})、700 hPa比湿(q_{700})、整层可降水量(PW)、850 hPa气温露点差($T_{850}-T_{d850}$)、700 hPa气温露点差($T_{700}-T_{d700}$)5个物理量分析水汽特征值,另外,对0 ℃层高度($H_{0℃}$)、−20 ℃层高度($H_{-20℃}$)及−20 ℃层与0 ℃层的高度差($H_{-20℃}-H_{0℃}$)3个特征高度层进行统计分析。

采用Python对数据进行处理,并绘制相关的分布图,主要利用箱线图[21]来分析各物理量的总体特征,箱形上部框线为75%上四分位值,下部框线为25%下四分位值,箱中黑横线为中位数,黑三角形为平均值,箱外黑点为异常值,箱线图能直观反映数据变化趋势,判断异常值的标准以四分位数和四分位距为基础,四分位数具有一定的耐抗性,识别结果更加客观[22]。

2 物理量特征分析

水汽、不稳定和抬升条件通常被称为雷暴生成三要素,即对流发生的必要条件和充分条件[23],将从以上冰雹发生的三要素入手,分析冰雹发生前各物理量特征。

2.1 物理量总体趋势

2.1.1 层结稳定度

沙氏指数与抬升指数是指气块绝热上升至 500 hPa 时，气块的气温与环境气温的差值，表明了大气层结的稳定性，其值为负则表明不稳定；K 指数反映中低层温湿分布对稳定度的影响[23]；$T_{850-500}$ 与 $T_{700-500}$ 表示大气的静力稳定度状况，是预报强对流天气常用的物理量[24]，其值越大，代表条件不稳定性越强[25]。从贵阳站层结稳定度各物理量箱线图(图 1a)可以看出，黔南州发生冰雹前贵阳探空 SI 基本在－2.25～4.75 ℃，中位数为－0.37 ℃；LI 基本在－2.46～3.67 ℃，中位数为－0.58 ℃；K 指数基本在 23～37 ℃，中位数为 33 ℃；$T_{700-500}$ 基本在 15～18.5 ℃，中位数为 17.2 ℃；$T_{850-500}$ 在 21～27 ℃，中位数为 24.2 ℃。由此可以看出，SI 在－2.25～4.75 ℃、LI 在－2.46～3.67 ℃时较容易发生冰雹，但二者中位数均为负，表明黔南州冰雹发生前其值多为负值，负值更利于冰雹的产生，K 指数在 23～37 ℃，$T_{700-500}$ 在 15～18.5 ℃，$T_{850-500}$ 在 21～27 ℃时黔南州发生冰雹的可能性较大，其中当 K 指数、$T_{700-500}$、$T_{850-500}$ 分别超过 33 ℃、17.2 ℃、24.2 ℃时更有利于冰雹的产生。

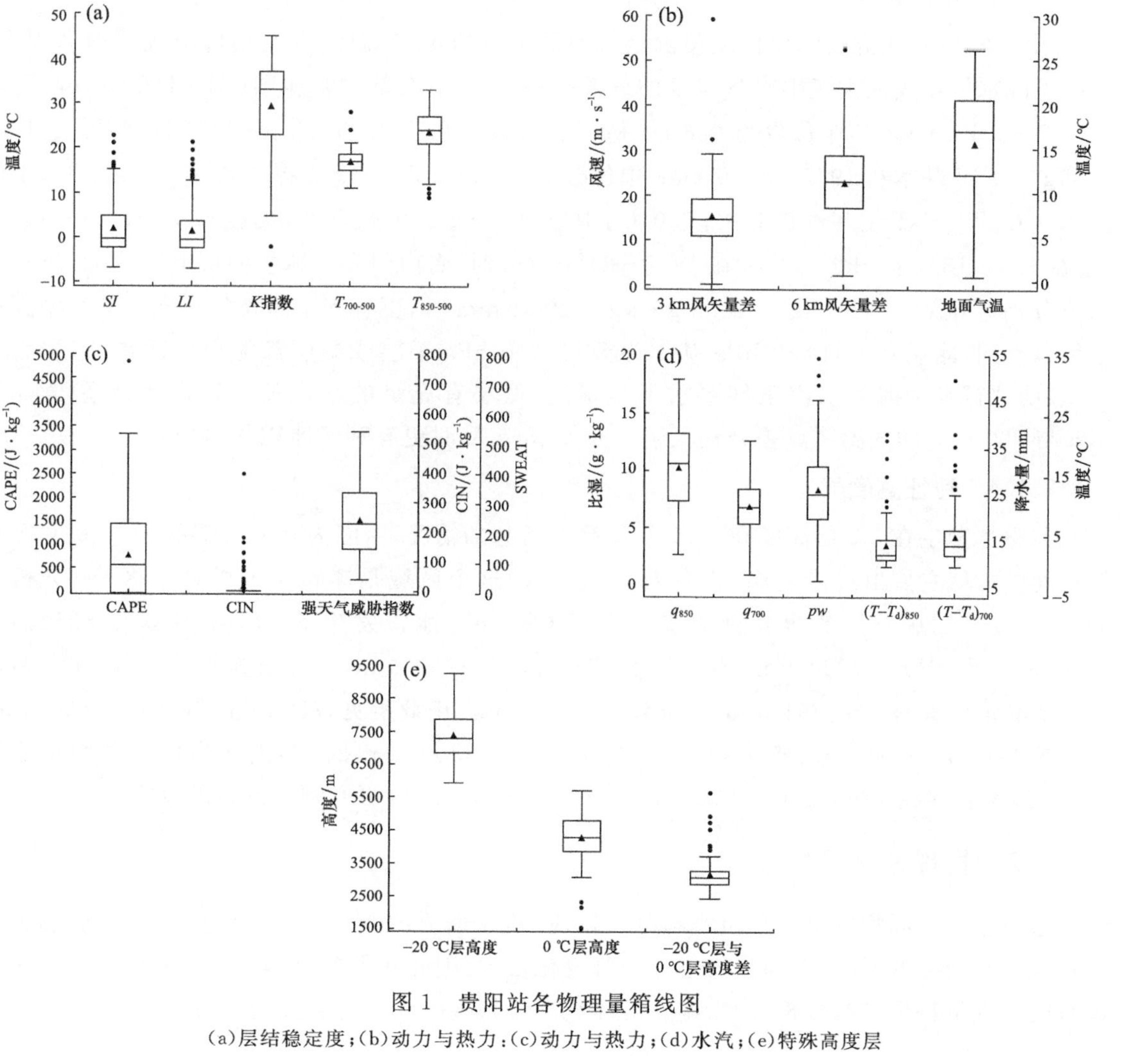

图 1　贵阳站各物理量箱线图

(a)层结稳定度；(b)动力与热力；(c)动力与热力；(d)水汽；(e)特殊高度层

2.1.2 热力、动力条件分析

对流有效位能可以恰当地表示出对流发展的潜势和可能达到的强度，与对流抑制一起是深厚湿对流发生潜势和潜在强度的一个重要指标[25]；中低层的垂直风切变的大小与形成风暴的强弱密切相关；强天气威胁指数反映了不稳定能量、风向风速垂直切变对风暴强度的综合作用；地面气温通常与不稳定能量的聚集及触发有关。热力与动力条件箱线图（图 1b～图 1c）反映了黔南州冰雹天气的这些物理量的变化特征，SHR3 基本在 11.1～19.1 $m \cdot s^{-1}$，中位数 14.7 $m \cdot s^{-1}$；SHR6 基本在 17.3～28.8 $m \cdot s^{-1}$，中位数 23.1 $m \cdot s^{-1}$；T_{2m}基本在 12.1～20.5 ℃，中位数 16.9 ℃；SWEAT 基本在 150～337，中位数为 233.8；CAPE 基本在 8～1436 $J \cdot kg^{-1}$，中位数 565.8 $J \cdot kg^{-1}$；CIN 基本为 0 $J \cdot kg^{-1}$，中位数为 0 $J \cdot kg^{-1}$。由此可见，SHR3 在 11.1～19.1 $m \cdot s^{-1}$，SHR6 在 17.3～28.8 $m \cdot s^{-1}$，T_{2m}在 12.1～20.5 ℃，SWEAT 在 150～337 时较利于冰雹的出现，当它们分别达到 14.7 $m \cdot s^{-1}$、23.1 $m \cdot s^{-1}$、16.9 ℃、233.8 时，更有利于冰雹的出现，CAPE 较低时，依然能产生冰雹，但是超过 566 $J \cdot kg^{-1}$ 更有利于冰雹的出现，CIN 无箱体，表明出现 CIN 的次数较少，发生冰雹前大多无对流抑制能量的出现。

2.1.3 水汽条件

水汽条件中，比湿表示单位质量湿空气内的水汽质量，气温露点差反应空气的饱和程度，整层可降水量是表征大气中水汽含量的重要指标[26]。水汽条件箱线图（图 1d）可见，q_{700}基本在 5.3～8.4 $g \cdot kg^{-1}$，中位数为 6.8 $g \cdot kg^{-1}$；q_{850}基本在 7.4～13.2 $g \cdot kg^{-1}$，中位数为 10.6 $g \cdot kg^{-1}$；PW 基本在 19.7～31.0 mm，中位数 25.1 mm；$T_{850}-T_{d850}$基本在 1.1～4.4 ℃，中位数 2.0 ℃；$T_{700}-T_{d700}$基本在 1.9～6.0 ℃，中位数 3.5℃。由此可见 q_{700}在 5.3～8.4 $g \cdot kg^{-1}$，q_{850}在 7.4～13.2 $g \cdot kg^{-1}$，PW 在 19.7～31.0 mm 时，黔南州发生冰雹的可能性较大，当它们的值分别上升至 6.8 $g \cdot kg^{-1}$、10.6 $g \cdot kg^{-1}$、25.1 mm 时，更有利于冰雹的出现。从气温露点差可以看到，冰雹发生前 850 hPa 基本为湿层，700 hPa 干层或湿层都能出现冰雹，但多为湿层，表明冰雹发生前对水汽条件要求不是很高，低层有充足的水汽就可以产生冰雹，当 850 hPa 与 700 hPa 的气温露点差分别低于 2.0 ℃、3.5 ℃时更有利于冰雹的出现。

2.1.4 特征高度层

冰雹都发生在 0℃层高度和－20 ℃层高度适宜的情况下，因为 0 ℃等温线和－20 ℃等温线之间的区域主要由过冷水滴、雪花及冰晶组成，这个区域是冰雹生成的雹源区[27]，分析了 0℃层高度、－20 ℃层高度及两者的高度差（图 1e），冰雹发生前 $H_{-20℃}$ 基本在 6854.0～7866.0 m，中位数为 7288.9 m；$H_{0℃}$基本在 3858.0～4789.0 m，中位数为 4272.7 m；$H_{-20℃}-H_{0℃}$基本处在 2881.0～3264.6 m，中位数为 3074.5 m。由此可见，$H_{-20℃}$在 6800.0～7900.0 m、$H_{0℃}$在 3800.0～4800.0 m、$H_{-20℃}-H_{0℃}$在 2800.0～3300.0 m 时，黔南州出现冰雹的可能性较大，其值分别在 7288.9 m、4272.7 m、3074.5 m 附近时，更有利于冰雹的发生。

2.2 物理量逐月特征

通过分析不同物理量逐月箱线图可以发现，随着季节的变化，气温随之发生变化，物理量参数也会有明显的调整，大部分物理量的月变化较大，因此在得到总体特征的基础上进一步对逐月的物理量特征进行分析，为黔南州的冰雹潜势预报提供更有意义的参考。

2.2.1 层结稳定度

由 SI 与 LI 的定义可知，SI(图 2a)与 LI(图 2b)具有近乎相同的变化趋势，SI 与 LI 在 1—5 月呈现下降趋势，7—9 月基本稳定在 0 ℃以下，11 月开始上升，观察两种指数的中位数变化发现，11 月、1—2 月中位数明显在 0 ℃以上，3 月下降至 0 ℃附近，4—9 月中位数均在 0 ℃以下，秋冬季节两种指数的中位数在 0 ℃以上，可能因为在此期间贵州多受静止锋影响，锋面逆温的出现导致 SI 与 LI 无意义[28]且正值居多；K 指数(图 2c)在 1—3 月基本稳定，4 月、5 月开始明显上升，7—9 月基本稳定在 36～42 ℃，11 月开始下降，结合 K 指数公式(1)分析其原因可能因为低层水汽含量秋冬季节比春夏季节低、气温也较低所致；$T_{700-500}$(图 2d)主要在 14～20 ℃；$T_{850-500}$ 温差(图 2e)1—2 月稍低在 15～24 ℃，2 月后总体稳定在 21～27 ℃。总的来看春季的大气层结稳定度逐渐趋于不稳定，夏季维持，秋冬季节层结逐渐趋于稳定。

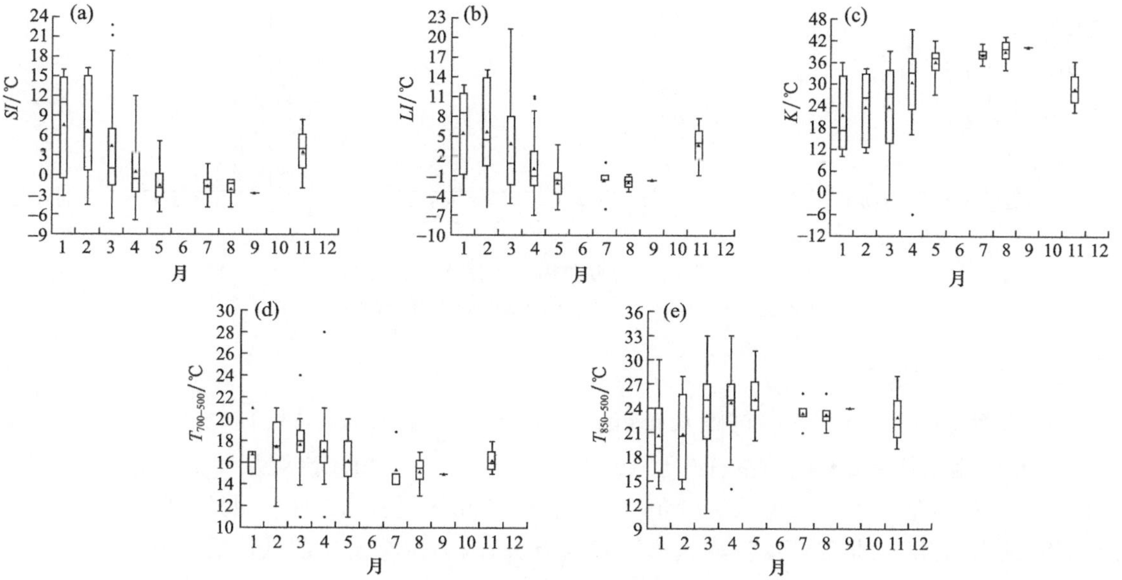

图 2　贵阳站层结稳定度逐月箱线图

(a)SI；(b)LI；(c)K；(d)$T_{700-500}$；(e)$T_{850-500}$

2.2.2 动力和热力条件

对黔南州冰雹日的天气影响系统进行分析，黔南州发生冰雹天气前 500 hPa 多为高空槽前西南气流，即中层主要为偏南急流，低层在冬季易受冷空气影响偏北风较多，表现在箱线图上为 SHR3(图 3a)与 SHR6(图 3b)在 1—9 月基本呈现下降趋势，11 月略有上升；T_{2m}(图 3c)分布较为分散，但是整体呈现出春夏季气温较高、秋冬季较低的特点；2—4 月及 11 月 CAPE 值(图 3d)在 400 J·kg^{-1}以下的次数较多，表明春秋季能量较低时仍然有较大概率出现冰雹，但是总体大部均在 400 J·kg^{-1}以上，表明能量高有利于冰雹的出现；CIN(图 3e)基本无箱体且散点较少，表明大部分冰雹过程无对流抑制能量的出现，3—5 月出现对流抑制能量次数较多，但主要集中在 140 J·kg^{-1}以下，表明冰雹发生前有一定的对流抑制，在触发条件足够时仍然能出现冰雹天气；SWEAT(图 3f)在 1—5 月基本呈现出上升趋势，11 月明显下降，从公式

(2)上分析原因为层结越不稳定、低层南风风速越大时 SWEAT 越大，春夏季节随着气温的升高，不稳定能量增加，南风增强，因此箱线图上出现了先升后降的趋势。总的来看，春夏季节动力条件呈现减弱趋势，秋冬季节有所加强，热力条件春夏季节呈现上升趋势，秋冬季节有所减弱。

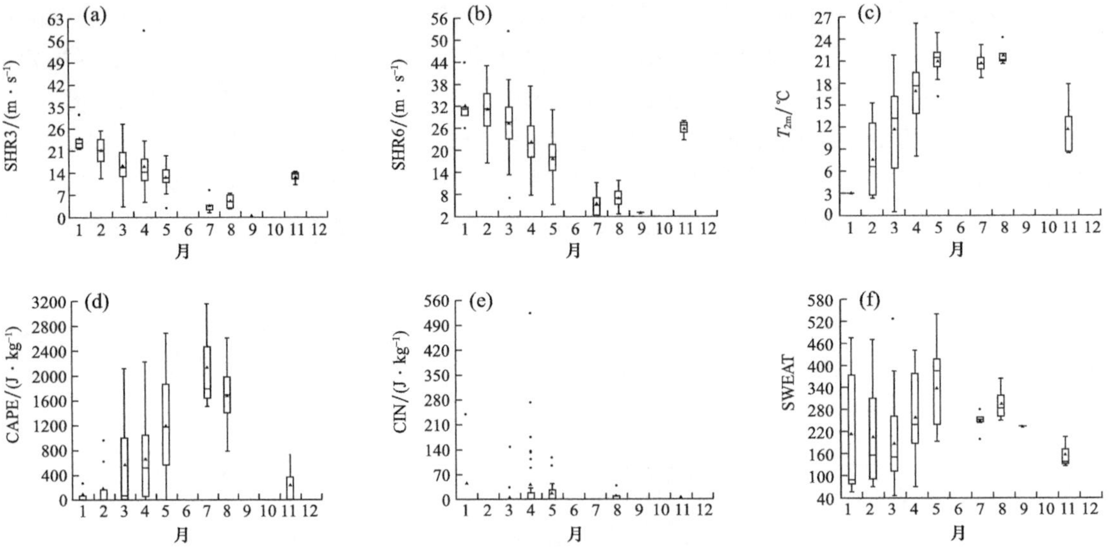

图 3　贵阳站动力和热力条件逐月箱线图

(a)SHR3；(b)SHR6；(c)T_{2m}；(d)CAPE；(e)CIN；(f)SWEAT

2.2.3　水汽条件

比湿(图 4a、图 4b)与整层可降水量(图 4c)的变化趋势基本一致，1—8 月基本呈上升趋势，850 hPa 比湿从 4 g · kg^{-1}左右升至 15 g · kg^{-1}左右，700 hPa 比湿从 4 g · kg^{-1}左右升至 9 g · kg^{-1}左右，整层可降水量从 16 mm 左右升至 45 mm 左右，11 月均明显下降，这可能与季风北抬、偏南风建立、北部湾水汽输送通道建立有关；因为冰雹发生前低层需要有丰富的水汽，所以气温露点差(图 4d、图 4e)的逐月变化不是很大，850 hPa 和 700 hPa 多数处于饱和状态，但春季 700 hPa 为干层的次数相对较多，表明其他季节黔南州发生冰雹时对 700 hPa 的饱和程度要求较高。总的来看，春夏季节大气绝对湿度逐渐增加，秋季明显下降，冬季较为稳定，相对湿度总体相对较为稳定。

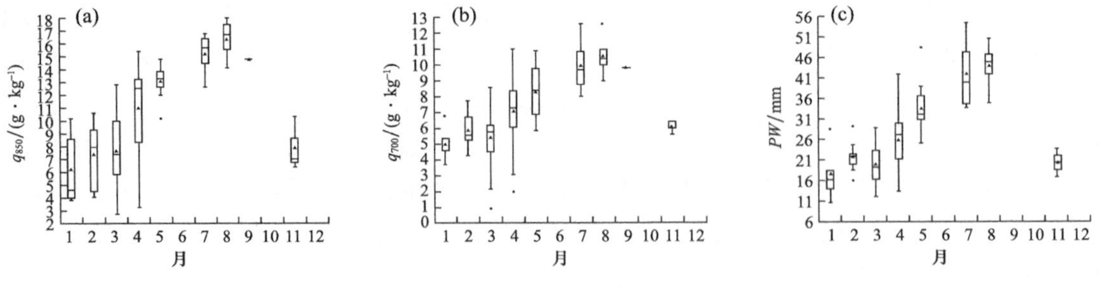

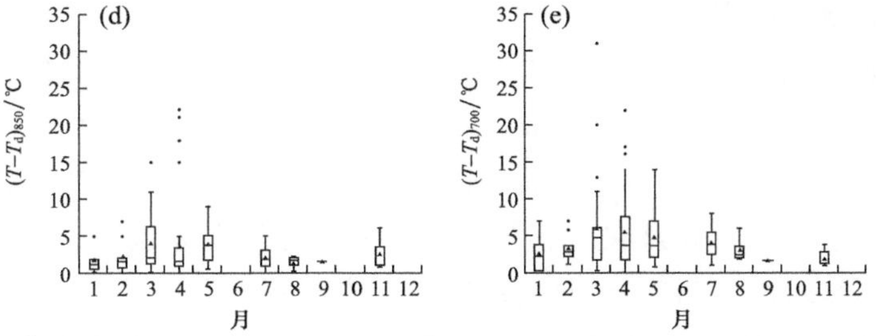

图 4 贵阳站水汽条件逐月箱线图

(a)q_{850};(b)q_{700};(c)PW;(d)$(T-T_d)_{850}$;(e)$(T-T_d)_{700}$

2.2.4 特殊高度层

1—7 月,随着气温的升高,$H_{-20℃}$(图 5a)与 $H_{0℃}$(图 5b)呈现出逐渐增高的趋势,$H_{-20℃}$ 从 6200 m 逐渐升至 8600 m,$H_{0℃}$ 从 3000 m 逐渐升至 5000 m,8—11 月开始呈现出下降的趋势,−20 ℃层高度从 8600 m 降至 6200 m,0 ℃层高度从 5000 m 降至 3500 m,但两者之间的高度差(图 5c)较为稳定,基本集中在 2800～3600 m,但是降雹最多的 3—4 月高度差最小。总的来说,春夏季节特殊高度层的高度逐渐上升,秋冬季节有所降低,但二者之间的高度基本稳定。

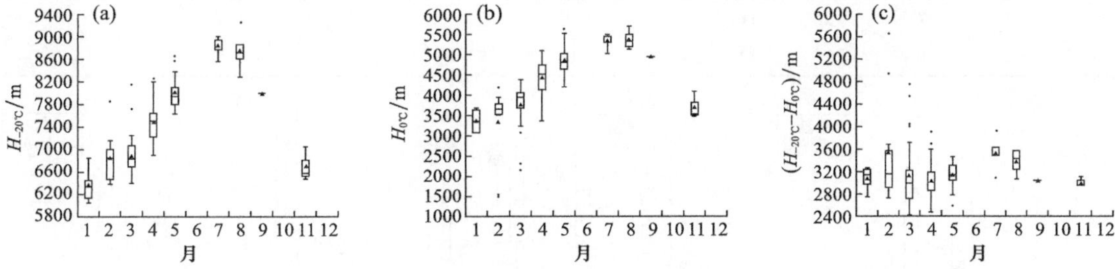

图 5 贵阳站特殊高度层逐月箱线图

(a)$H_{-20℃}$;(b)$H_{0℃}$;(c)$H_{-20℃}-H_{0℃}$

3 物理量阈值研究

3.1 逆温层对各参数的影响

根据对黔南州冰雹天气环流分型的研究,高架雷暴型及冷锋低槽(切变)型为主要的环流型,期间中低层有锋面逆温影响,受干冷空气影响,中低层大气气温及地面气温(T_{2m})将明显下降,特殊高度层($H_{0℃}$、$H_{-20℃}$)也会下降,且气温垂直递减率($T_{850}-T_{500}$)明显减小,低层相对湿度降低,低层形成稳定层结[11]使得 CAPE 对整层的不稳定能量反映偏低。朱乾根等[28]研究表明,中低层存在锋面或逆温层时,则 SI 无意义,LI 与 SI 仅为抬升层不同,同样 LI 也将无意义,同时 K 指数见公式(1)中第 1 项、第 2 项受逆温层影响明显,SWEAT 见公式(2)、总指数见公式(3)受气温垂直递减率影响较大。由此可见,中低层逆温会对某些物理量产生较大的影响,重点研究 850～700 hPa 的逆温层对物理量的影响。

$$K=(T_{850}-T_{500})+T_{d850}-(T-T_d)_{700} \tag{1}$$

公式(1)中:T_d 是露点温度,T_{850} 是 850 hPa 温度,T_{700} 是 700 hPa 温度,T_{500} 是 500 hPa 温

度，T_{d850}是 850 hPa 露点温度。

$$S_{WEAT}=12\times T_{d850}+20\times(T_T-49)+2f_{850}+f_{500}+125\times(S+0.2) \quad (2)$$

公式(2)中：

$$T_T=T_{850}-T_{500}+T_{d850}-T_{500} \quad (3)$$

黔南州冰雹天气过程 2—5 月在 10～37 次，其余月份均在 5 次及以下，样本数较小，其统计结果代表性较差，故对黔南州 2—5 月的冰雹天气中存在中低层逆温以及无逆温的情况将进行了逐月统计(表 2)，其中中低层存在逆温的过程共 47 次，无逆温的过程共 34 次，二者数据量相当，有对比意义。

由于 SI 与 LI、$H_{0℃}$ 与 $H_{-20℃}$ 变化规律基本一致，故略去有无逆温时 LI、$H_{-20℃}$ 的箱线对比图。当黔南州冰雹天气发生前有逆温时会使得 SI(图 6a)与 LI 在 2—4 月明显上升，K 指数(图 6b)、$T_{850-500}$(图 6c)、T_{2m}(图 6d)、SWEAT(图 6e)、CAPE(图 6f)、$(T-T_d)_{850}$(图 6g)、q_{850}(图 6h)、$H_{0℃}$(图 6i)、$H_{-20℃}$ 等物理量有较为明显的下降，可见逆温层的出现会使 SI 与 LI 的数值偏大，其余物理量的数值偏小。

表 2　黔南州冰雹天气中低层有无逆温逐月分布　　单位：次

	1月	2月	3月	4月	5月	6月	7月	8月	9月	10月	11月	12月
逆温	4	7	19	16	5	0	2	2	0	0	2	0
无逆温	0	2	10	11	11	0	3	2	1	0	1	0

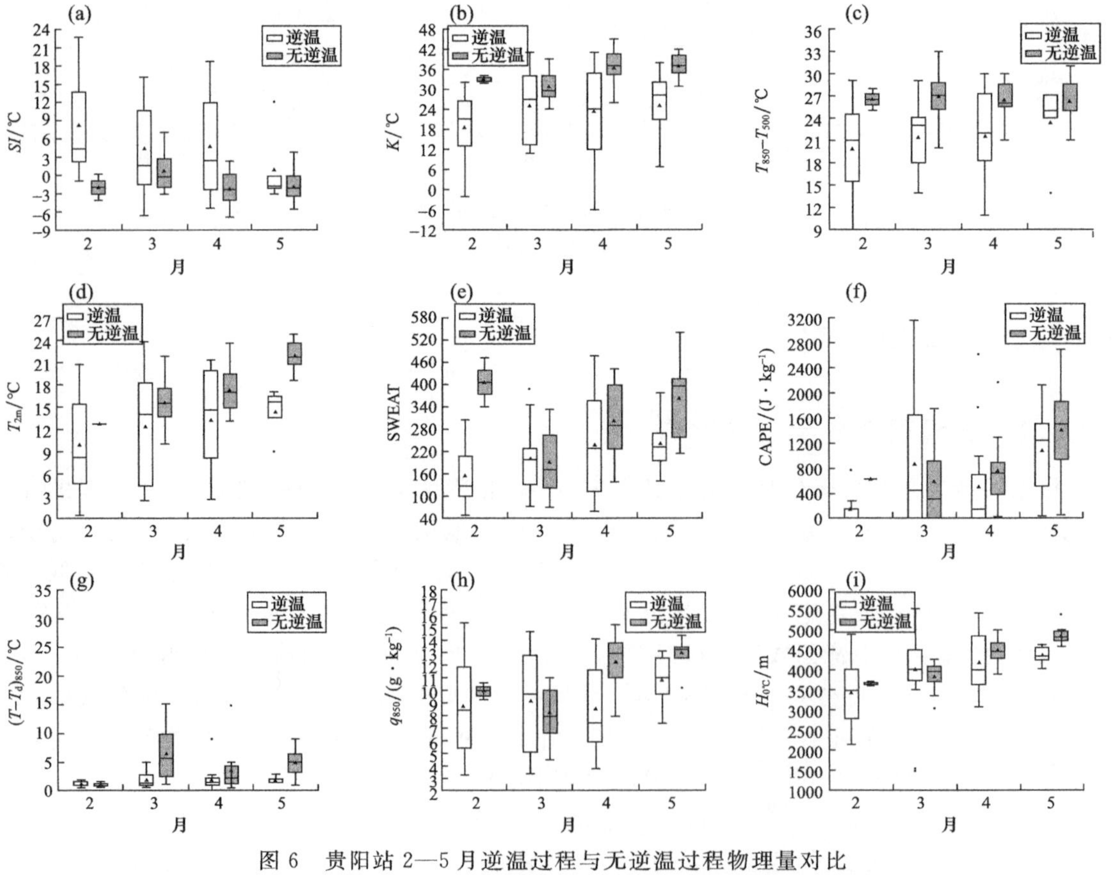

图 6　贵阳站 2—5 月逆温过程与无逆温过程物理量对比

(a)SI；(b)K；(c)$T_{850-500}$；(d)T_{2m}；(e)SWEAT；(f)CAPE；(g)$(T-T_d)_{850}$；(h)q_{850}；(i)$H_{0℃}$

3.2 黔南州冰雹天气物理量阈值

黔南州冰雹过程主要出现在2—5月，故对黔南州2—5月的冰雹天气过程物理量进行阈值分析，其中逆温层的存在对SI、LI、K、$T_{850-500}$、SWEAT、T_{2m}、CAPE、q_{850}、$(T-T_d)_{850}$、$H_{0℃}$、$H_{-20℃}$ 11个物理量的影响较大，因此这11个物理量的阈值分有逆温与无逆温两种情况考虑。SI、LI、CIN、$T-T_d$4个物理量数值越小，其环境条件越有利于冰雹的产生，故取上四分位值为阈值，而特殊高度层需要在特定的范围内才利于冰雹的产生和降落，故取其中位数作为阈值，其余9个物理量取下四分位为阈值[23]。最后得出黔南州天气冰雹物理量阈值，详见表3和表4，可为黔南州冰雹潜势预报提供参考。

表3 黔南州冰雹天气物理量指标

物理量	2月	3月	4月	5月	物理量	2月	3月	4月	5月
$T_{700-500}$/℃	16.3	17.0	16.0	14.8	q_{700}/(g·kg^{-1})	5.2	4.5	6.0	6.8
SHR3/(m·s^{-1})	17.8	12.9	11.6	11.0	$(T-T_d)_{700}$/℃	3.6	6.0	7.5	7.0
SHR6/(m·s^{-1})	26.5	23.1	18.0	14.4	PW/mm	20.0	16.2	21.1	30.8
CIN/(J·kg^{-1})	0.0	0.0	16.5	25.4	$H_{-20℃}-H_{0℃}$/m	3159	2990	3012	3136

表4 黔南州冰雹天气受逆温影响的物理量指标(有逆温与无逆温个例)

物理量(逆温)	2月	3月	4月	5月	物理量(无逆温)	2月	3月	4月	5月
SI/℃	13.8	10.7	11.9	−0.1	SI/℃	−0.9	2.6	0.1	−0.2
LI/℃	12.8	10.8	9.2	−0.5	LI/℃	−0.4	1.3	−0.5	−1.1
K/℃	13.0	13.5	12.0	21.0	K/℃	32.5	27.5	34.5	35.0
$T_{850-500}$/℃	15.5	18.0	18.3	24.0	$T_{850-500}$/℃	25.8	25.3	25.5	25.0
q_{850}/(g·kg^{-1})	5.4	5.0	5.9	9.7	q_{850}/(g·kg^{-1})	9.6	6.6	11.0	12.6
$(T-T_d)_{850}$/℃	1.7	2.7	2.2	2.0	$(T-T_d)_{850}$/℃	1.4	9.8	4.3	6.5
T_{2m}/℃	4.8	4.3	8.1	13.6	T_{2m}/℃	/	13.7	14.8	20.8
CAPE/(J·kg^{-1})	0.4	1.6	2.9	506.2	CAPE/(J·kg^{-1})	/	15.3	375.6	929.0
SWEAT	97.9	132.3	113.5	195.3	SWEAT	372.2	121.9	225.4	256.6
$H_{0℃}$/m	3492	4015	4001	4338	$H_{0℃}$/m	3663	3960	4450	4808
$H_{-20℃}$/m	6906	7082	7059	7042	$H_{-20℃}$/m	6583	6835	7613	7926

4 结论与讨论

通过对黔南州发生冰雹前贵阳探空站的物理量进行分析，我们发现黔南州发生冰雹大体有个适宜的物理量范围，但是各物理量存在着一定的逐月变化，按照中低层有无逆温层给出物理量的阈值范围，可对黔南州冰雹天气预报提供科学的指标。

黔南州出现冰雹天气时，各物理量范围分别是SI在−2.25～4.75 ℃、LI在−2.46～3.67 ℃、K在23～37 ℃、$T_{700-500}$在15～18.5 ℃、$T_{850-500}$在21～27 ℃、SHR3在11.1～19.1 m·s^{-1}、SHR6在17.3～28.8 m·s^{-1}、T_{2m}在12.1～20.5 ℃、SWEAT在150～337、CAPE超过566 J·kg^{-1}、无CIN、

q_{700}在 5.3～8.4 g·kg^{-1}，q_{850}在 7.4～13.2 g·kg^{-1}、PW在 19.7～31.0 mm、$(T-T_d)_{850}$在 1.1～4.4 ℃、$(T-T_d)_{700}$在 1.9～6.0 ℃、$H_{-20℃}$在 6800～7900 m、$H_{0℃}$在 3800～4800 m、$H_{-20℃}-H_{0℃}$在 2800～3300 m。

各物理量存在明显的季节变化特征，层结稳定度条件上，春季逐渐趋于不稳定，夏季维持，秋冬季节层结稳定性加强；动力条件春夏季节呈现减弱趋势，秋冬季节有所加强，热力条件春夏季节呈现上升趋势，秋冬季节有所减弱；水汽条件上，春夏季节大气绝对湿度逐渐增加，秋季明显下降，冬季较为稳定，相对湿度总体相对较为稳定；特殊高度层，－20 ℃层高度与 0 ℃层高度春夏季节逐渐上升，秋冬季节有所降低，但二者之间的高度差基本稳定。

逆温层的出现意味着低层有干冷空气的入侵，会对气团的温湿属性产生影响，进而影响物理量的阈值，具体表现为：SI 与 LI 有明显的上升，强天气威胁指数、K 指数、850 hPa 与 500 hPa 温差、地面气温、850 hPa 比湿、850 hPa 气温露点差、对流有效位能、0 ℃与－20 ℃层高度均有较明显的下降。

参考文献

[1] 高倩楠，孙鹏飞，李冬楠，等．黑龙江省冰雹的物理量指标研究[J]．黑龙江气象，2021，38(4)：20-21，35.
[2] 白雪，纪源，史虹婷，等．锦州地区冰雹天气特征及物理量指标[J]．湖北农业科学，2018，57(2)：55-60，72.
[3] 林雪仪，陆德辉，彭窈．清远地区前汛期雷雨大风和冰雹天气的物理量指标[J]．广东气象，2019，41(4)：31-34.
[4] 王凯，王秀丽，达布希拉图，等．利用探空资料统计分析巴彦淖尔市冰雹过程的物理量特征[J]．内蒙古气象，2017(1)：23-27.
[5] 郭佰汇，吴丹，于芳健，等．基于主成分分析的冰雹探空物理量综合指标研究[J]．现代农业科技，2015(5)：251-253，255.
[6] 马鸿青，于雷，司丽丽，等．保定地区冰雹的气候及物理量参数特征[J]．干旱气象，2014，32(4)：616-621，628.
[7] 罗喜平，廖波，张小娟，等．1961—2020 年贵州冰雹气候特征[J]．干旱气象，2022，40(6)：1024-1032.
[8] 周成霞，吉廷艳，武文辉．贵州多雹区冰雹天气气候分析及其长期预测探讨[J]．贵州气象，1996(2)：3-5.
[9] 曾勇，邹书平，曹水，等．贵州威宁 1997—2017 年冰雹时空变化特征分析[J]．高原山地气象研究，2018，38(2)：23-27，96.
[10] 周明飞，万雪丽，罗喜平．贵州静止锋冷区高架雷暴冰雹特征及其成因[J]．热带地理，2017，37(4)：484-493.
[11] 何东坡，周永水，周文钰，等．贵州北部一次冰雹天气的双偏振特征分析[J]．中低纬山地气象，2022，46(3)：16-24.
[12] 李玮，李皓，刘伟，等．贵州中部冰雹的双偏振雷达参量特征与识别[J]．中低纬山地气象，2019，43(2)：53-57.
[13] 许可，杜小玲，周文钰，等．贵州一次暖区飑线大风与大冰雹的雷达结构特征分析[J]．中低纬山地气象，2021，45(3)：65-72.
[14] 黄钰，张小娟．探空资料在大冰雹判别中的应用[J]．气象水文海洋仪器，2022，39(1)：101-103.
[15] 李青建，罗红．黔南州“3·18”冰雹天气演变过程分析[J]．农技服务，2019，36(6)：90-93.
[16] 赵杰，周文钰，胡秋红，等．黔南州一次冬季冰雹天气过程简析[J]．科技风，2020(21)：100.

[17] 苟杨，向燕，张吉民，等．一次春季冰雹暴雨天气过程分析[J]. 农业与技术，2018，38(6)：242.

[18] 苏锡康．黔南州的冰雹及其对农业生产的影响[J]. 贵州气象，1997(6)：25-27.

[19] 曹艳察，田付友，郑永光，等．中国两级阶梯地势区域冰雹天气的环境物理量统计特征[J]. 高原气象，2018，37(1)：185-196.

[20] 罗雄，罗喜平，张小娟，等．2006—2022 年黔南州冰雹特征分析[C]. 贵州：贵州省气象学会 2022 年学术年会，2022：274-249.

[21] GAURA E I，BRUSEY J，ALLEN M，et al. Edge mining the Internet of things[J]. IEEE Sensors Journal，2013，13(10)：3816-3825.

[22] 顾国庆，李晓辉．基于箱线图异常检测的指数加权平滑预测模型[J]. 计算机与现代化，2021(1)：28-33.

[23] 章丽娜，周小刚，徐丽娅．从不稳定能量角度对条件不稳定相关问题的讨论[J]. 气象学报，2017，75(3)：517-526.

[24] 韦惠红，许冠宇，刘希文，等．湖北省不同类型雷暴大风的时空分布及环境参数特征[J]. 暴雨灾害，2022，41(1)：66-75.

[25] 高晓梅，俞小鼎，王令军，等．鲁中地区分类强对流天气环境参量特征分析[J]. 气象学报，2018，76(2)：196-212.

[26] 王继竹，郭英莲，徐桂荣，等．湖北省不同资料反演大气可降水量的误差分析[J]. 气象，2014，40(11)：1308-1315.

[27] 罗喜平，罗雄，李国平，等．中国天眼“FAST”所在地两次大冰雹大气过程的对比分析[J]. 云南大学学报(自然科学版)，2021，43(1)：78-89.

[28] 朱乾根，林锦瑞，寿绍文，等．天气学原理和方法[M]. 北京：气象出版社，2007.

基于雷达和卫星的冰雹监测预警指标

罗 雄[1,2] 赵 杰[3] 罗喜平[2]
(1. 贵州省气象台,贵阳,550002;2. 贵州省人工影响天气办公室,贵阳,550081;3. 黔南州气象台,都匀,558000)

摘 要:利用贵阳多普勒天气雷达资料和气象卫星云图(FY-2G、FY-4A)对黔南州地区冰雹过程进行分析,发现:按照降雹前1 h至降雹时刻卫星云图的变化可以将黔南州冰雹过程分为上升型、无变化型和下降型,下降型冰雹直径较大,其次为无变化型。在降雹前60 min大冰雹的云团中心CTT值低于中小冰雹,CTH值大于中小冰雹,并且大冰雹的CTT和CTH平均变率要明显小于中小冰雹。冰雹云团的形态分布均呈西南—东北走向,降雹出现在云团迎风面梯度大值区,其次是在云团冷中心附近。最后得到了黔南州地区冰雹预警的雷达和卫星指标,以期对黔南州地区冰雹的预报预警和人影防雹作出贡献。

关键词:多普勒天气雷达,FY-2G,FY-4A

引言

冰雹天气的发生和发展也并非无规律或者不可预测的,冰雹是在有利的大尺度环流背景下触发产生的中、小尺度天气系统相互作用造成的[1],通过多普勒天气雷达和气象卫星可以及时监测对流云团的生成和发展,反射率因子回波中心强度超过50 dBZ[2],高悬的强回波、低层的弱回波区(WER)、中高层的回波悬垂和有界弱回波区(BWER)、中气旋、垂直液态水含量密度、风暴顶辐散和三体散射等特征可以用来判断强冰雹的发生[3]。但是冰雹的预警预报要求对冰雹的发生提前作出判断,而上述特征可能只在冰雹发生时出现,因此冰雹的提前预警还是有必要针对雷达和卫星的演变特征进行研究,进而提取相应的预警指标。

1 资料与方法

1.1 资料

气象卫星数据来源于国家卫星气象中心(http://satellite.nsmc.org.cn/)。FY-2G气象卫星产品和多普勒天气雷达产品应用的研究选取2016—2022年3月23次典型的冰雹个例,追踪其中113个降雹点的冰雹云团路径,得到降雹前的冰雹识别指标。其中13个点降大冰雹,利用13个降大冰雹点得到大冰雹的指标。FY-4A气象卫星产品的研究选取2020—2022年黔南州2个县域及以上降雹的个例(表1),探寻FY-4A气象卫星反演产品在冰雹监测预警中的识别指标。

表 1 FY-4A 产品分析所用黔南州冰雹过程

日期	降雹点	降雹起止时间	最大冰雹直径/mm
2020-01-06	长顺景云关	16 时 50 分—17 时 15 分	15
2020-01-24	三都大河	11 时 20—30 分	5
2020-02-29	长顺种获	17 时 45—46 分	10
2020-05-09	长顺沙子关 平塘大塘	22 时 34—35 分 23 时 50—51 分	3 5
2020-05-31	福泉	15 时 12—15 分	5
2021-05-03	长顺马路	19 时 29—35 分	15
2021-05-12	罗甸龙坪	20 时 27—30 分	9
2022-01-04	惠水长田	18 时 47—57 分	6
2020-01-06	长顺景云关	18 时 50 分—19 时 10 分	20
2020-02-29	长顺广顺	17 时 26—28 分	20
2020-03-23	长顺鼓扬	17 时 24—27 分	35
2020-04-18	长顺凯佐 惠水	17 时 21—30 分 17 时 46—49 分	20 30
2022-03-16	罗甸罗暮	18 时 40 分—19 时 10 分	30

1.2 箱线图法

由于 FY-2G 气象卫星的时间分辨率为 1 h，选取距离降雹时刻最近的云图作为卫星资料的 T_0时刻计为 0 h，追溯云团的发展路径直至云团生成或者追溯至前 6 h，分别计为 −1～−6 h。提取每个时次降雹云团的中心亮温值，得到云团要素的变化特征图，来探寻冰雹发生前的卫星云图特征。箱线图能直观反映数据变化趋势，判断异常值的标准以四分位数和四分位距为基础，四分位数具有一定的耐抗性，识别结果更加客观。

1.3 百分位法

百分位数是用于反映顺序数据集中趋势的一种统计测度值，是指用 99 个点将一组顺序数据 100 分后各分位点上的值。百分位数是一种位置指标，以 P_r表示，一个百分位数将总体或样本的全部观测值分为两部分，理论上有 $r\%$的观测值比它小，有 $(100-r)\%$的观测值比它大，故百分位数是一个界值。

对样本数为 N 的样本数据按由小到大顺序排列好后，则第 r 百分位数 P_r的计算公式如下：

$$P_r = X[d] + (X[d+1] - X[d])(d - [d]) \tag{1}$$

$$d = 1 + (N-1)r\% \tag{2}$$

式中：d 表示百分位数 P_r所在位次；$[d]$表示取 d 的整数部分；$X[d]$、$X[d+1]$分别表示位次为 $[d]$、$[d+1]$上的数据。

2 基于雷达的监测预警指标

采用 CAPS 系统跟踪冰雹云初生、移动、发展到黔南州第一次降雹全过程，尤其关注降雹前 42 min 的雷达参数值，提取 9 个大冰雹及 58 个小到中冰雹的冰雹云单体降雹时刻前 42 min 的多普勒天气雷达参数(最大反射率因子、垂直累积液态水含量、反射率因子回波顶高、冰水比值、45 dBZ 回波高度、55 dBZ 回波高度)，绘制小到中冰雹及大冰雹降雹前 42 min 各雷达参数的箱线图，对比分析小到中冰雹及大冰雹的雷达特征。

2.1 最大反射率因子

最大反射率因子反映了冰雹粒子的大小，是识别冰雹云的重要参数，由最大反射率因子箱线图(图 1)可见，小到中冰雹最大反射率因子在 50～65 dBZ，中位数为 60 dBZ；大冰雹最大反射率因子在 60～65 dBZ，中位数为 65 dBZ。可见大冰雹的最大反射率因子比小到中冰雹更强。

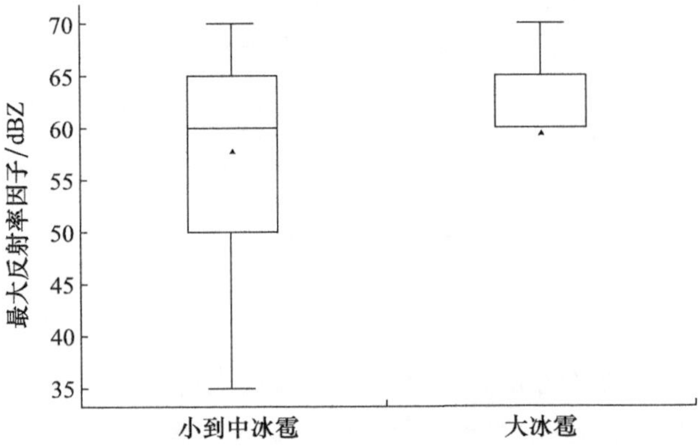

图 1　最大反射率因子箱线图

2.2 垂直累积液态水含量

垂直累积液态水含量作为冰雹的主要判别参数，其数值的大小对冰雹的发生有重要意义，由垂直累积液态水含量箱线图(图 2)可见，小到中冰雹垂直累积液态水含量基本在 18.75～35.00 kg·m^{-2}，中位数为 27.50 kg·m^{-2}；大冰雹垂直累积液态水含量基本在 25.00～40.00 kg·m^{-2}，中位数为 30.00 kg·m^{-2}。可见大冰雹的垂直累积液态水含量比小到中冰雹高。

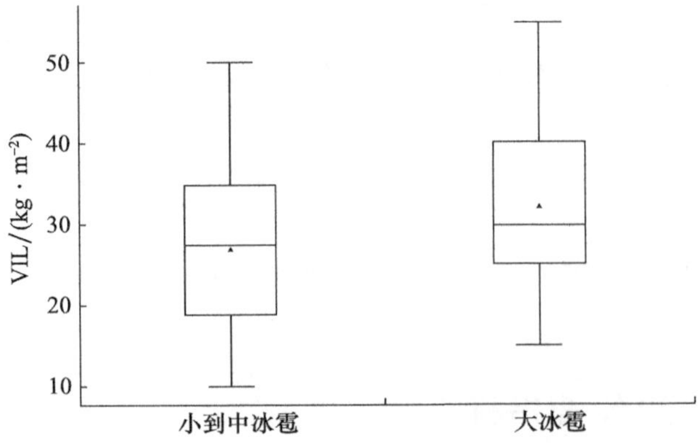

图 2　垂直累积液态水含量(VIL)箱线图

2.3 反射率因子回波顶高(ET)

由回波顶高箱线图(图 3)可见,小到中冰雹回波顶高基本在 9.2～12.3 km,中位数为 11.2 km;大冰雹回波顶高基本在 10.5～12.3 km,中位数为 11.4 km。可见大冰雹的回波顶高比小到中冰雹略偏高。

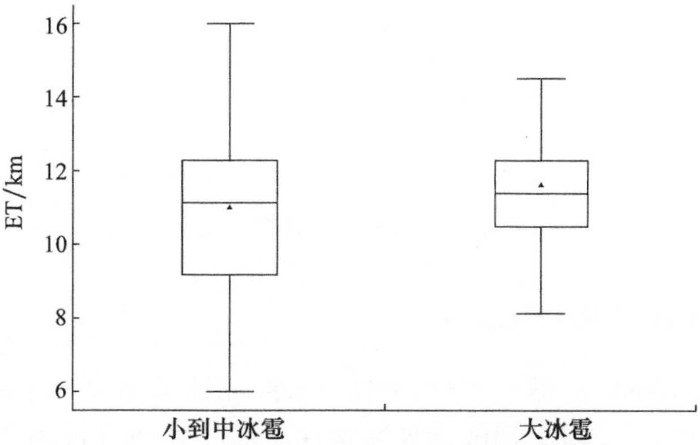

图 3 反射率因子回波顶高(ET)箱线图

2.4 冰水比值

由冰水比值箱线图(图 4)可见,小到中冰雹冰水比值基本在 1.387～1.982,中位数为 1.764;大冰雹回波顶高基本在 1.5～2.4,中位数为 2.16。可见大冰雹的冰水比值明显高于小到中冰雹。

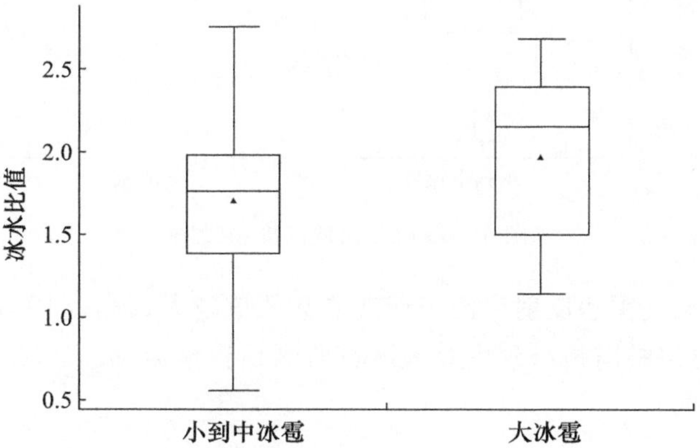

图 4 冰水比值箱线图

2.5 45 dBZ 回波高度(H_{45dBZ})

由 45 dBZ 回波高度箱线图(图 5)可见,小到中冰雹 45 dBZ 回波高度基本在 5.925～9.525 km,中位数为 7.8 km;大冰雹 45 dBZ 回波高度基本在 7.850～9.375 km,中位数为 8.9 km。可见大冰雹的 45 dBZ 回波高度比小到中冰雹偏高。

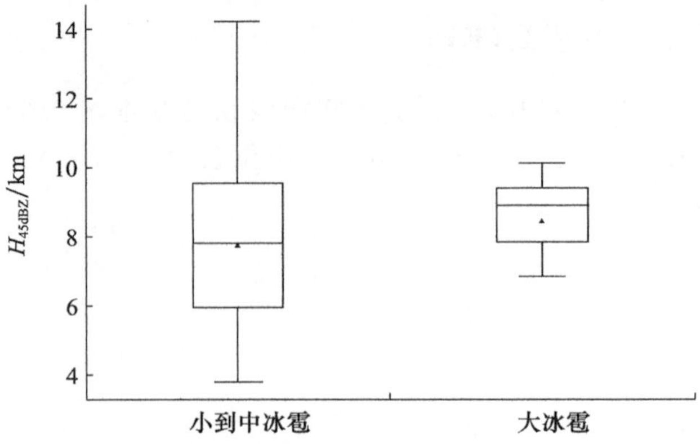

图 5　45 dBZ 回波高度箱线图

2.6　55 dBZ 回波高度(H_{55dBZ})

由 55 dBZ 回波高度箱线图(图 6)可见,小到中冰雹 55 dBZ 回波高度基本在 5.15～8.10 km,中位数为 6.95 km;大冰雹 55 dBZ 回波高度基本在 7.05～8.00 km,中位数为 7.5 km。可见大冰雹的 55 dBZ 回波高度比小到中冰雹略偏高。

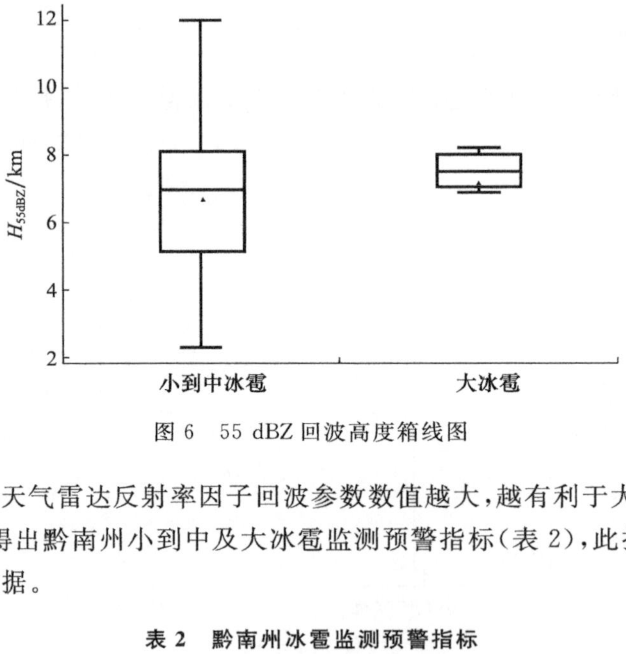

图 6　55 dBZ 回波高度箱线图

以上 6 个多普勒天气雷达反射率因子回波参数数值越大,越有利于大冰雹的产生,故取下四分位为阈值,以此得出黔南州小到中及大冰雹监测预警指标(表 2),此指标可为黔南州冰雹监测预警提供科学依据。

表 2　黔南州冰雹监测预警指标

雷达参数	小到中冰雹阈值	大冰雹阈值
最大反射率因子/dBZ	≥50	≥60
垂直累积液态水含量/kg · m^{-2}	≥18.75	≥25.00
回波顶高/km	≥9.2	≥10.5
冰水比值	≥1.39	≥1.50
H_{45dBZ}/km	≥5.93	≥7.85
H_{55dBZ}/km	≥5.15	≥7.05

3 FY-2G 气象卫星指标分析

3.1 黑体亮温(TBB)

为了研究冰雹发生前的云团变化特征并尝试查找相应的阈值,我们绘制了每次过程冰雹前6 h内的TBB变化图及相应的箱线图(图7)。从每次过程的TBB变化曲线来看,有39次在降雹前1 h内TBB有明显的上升,24次TBB无明显变化,其余50次TBB有明显的下降。从箱线图看,TBB在冰雹前6 h大体呈现下降趋势,但是在冰雹发生前1 h内没有明显的变化,因此我们还需要更为细致的分析,我们将TBB按照冰雹前6 h的变化分为3类讨论,分别为上升型(TBB_U)、下降型(TBB_D)和无变化型(TBB_0),并分别绘制了相应的箱线图(图8)。我们发现下降型在冰雹发生前6 h云团中心TBB数值基本呈现一致的下降;无变化型在冰雹发生前4 h内无变化,基本稳定在232 K,之前呈现为下降趋势;上升型在冰雹发生前6 h呈现起伏变化趋势。

TBB对于云团的发生发展有一定的指示作用,亮温越低,云团发展越旺盛。结合箱线图,取TBB的上四分位为相应的阈值,因此我们得到冰雹发生前1 h的TBB阈值:上升型冰雹前1 h TBB值为239 K,降雹时TBB值为259 K;下降型冰雹前1 h TBB值为241 K,降雹时TBB值为231 K;无变化型冰雹前4 h TBB值为232 K。

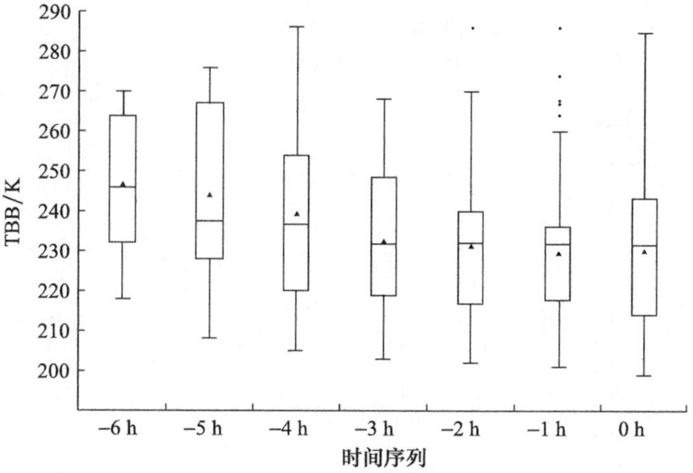

图7 冰雹发生前0～6 h云团中心TBB箱线图(−6 h代表发生前6 h,余同)

3.2 云顶温度(CTT)

同样绘制了降雹前6 h内的CTT变化图及相应的箱线图(图9)。从每次过程的CTT变化曲线来看,有34次在降雹前1 h内有明显的上升,33次无明显变化,其余46次有明显的下降。从箱线图来看在冰雹发生前5 h内,CTT没有明显的变化。为此我们同样将CTT也按照冰雹前1 h的变化分为3类讨论,分别为上升型(CTT_U)、下降型(CTT_D)和无变化型(CTT_0),并分别绘制了相应的箱线图(图10)。我们发现,下降型在冰雹发生前6 h云团中心CTT基本呈现一致的下降;无变化型在冰雹发生前5 h内无变化,其中位数基本稳定在240 K;上升型在冰雹发生前6 h呈现起伏变化,但其有一个较为明显的升一降一升的过程。

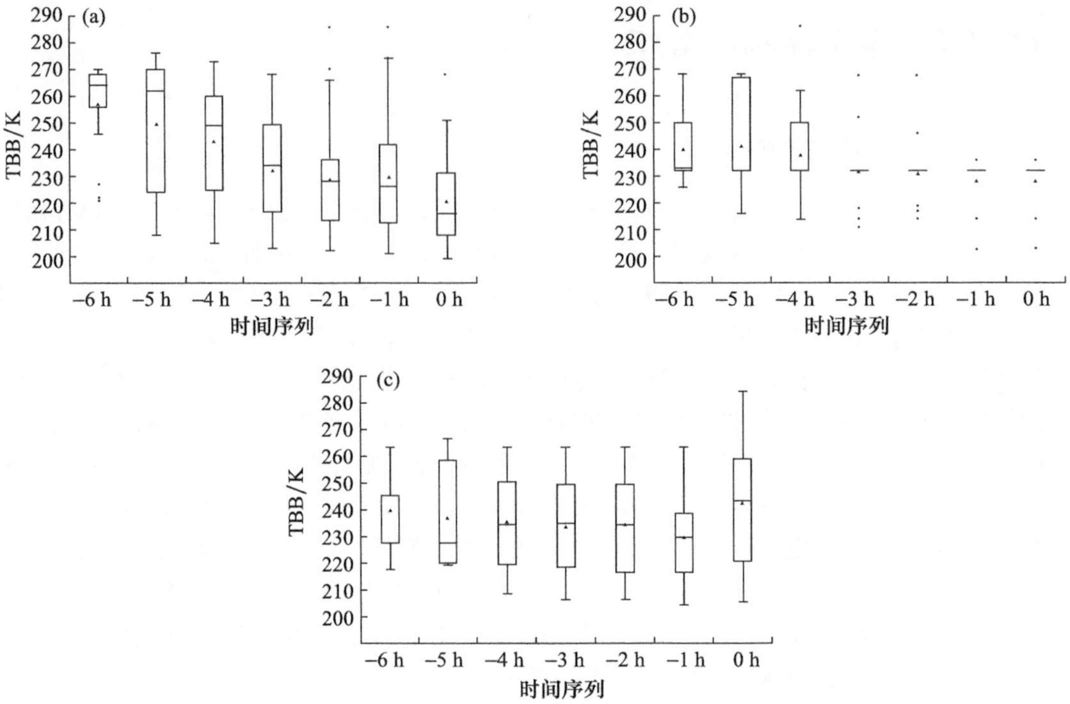

图 8　冰雹发生前 0～6 h 冰雹云的 TBB 箱线图

(a)下降型；(b)无变化型；(c)上升型

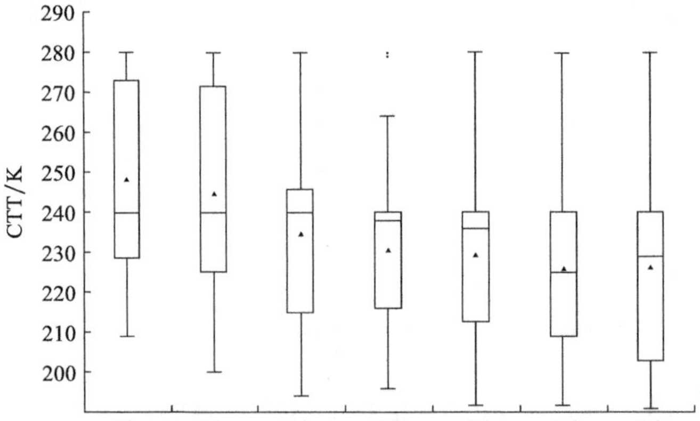

图 9　冰雹发生前 0～6 h 的冰雹云中心 CTT 箱线图

一般而言，云团发展高度越高，其云顶温度越低，有利于冰雹雹胚的产生。结合箱线图，取 CTT 的上四分位为相应的阈值，因此得到冰雹发生前 1 h 的 CTT 阈值：上升型降雹前 1 h CTT 值为 240 K，降雹时 CTT 值为 253 K；下降型降雹前 1 h CTT 值为 240 K，降雹时 CTT 值为 228 K；无变化型降雹前 5 h CTT 值为 240 K。可以看到，无论哪种类型在降雹前 1 h 云顶温度的阈值均为 240 K，在降雹 1 h 之前有一个较为明显的下降趋势或者基本不变。

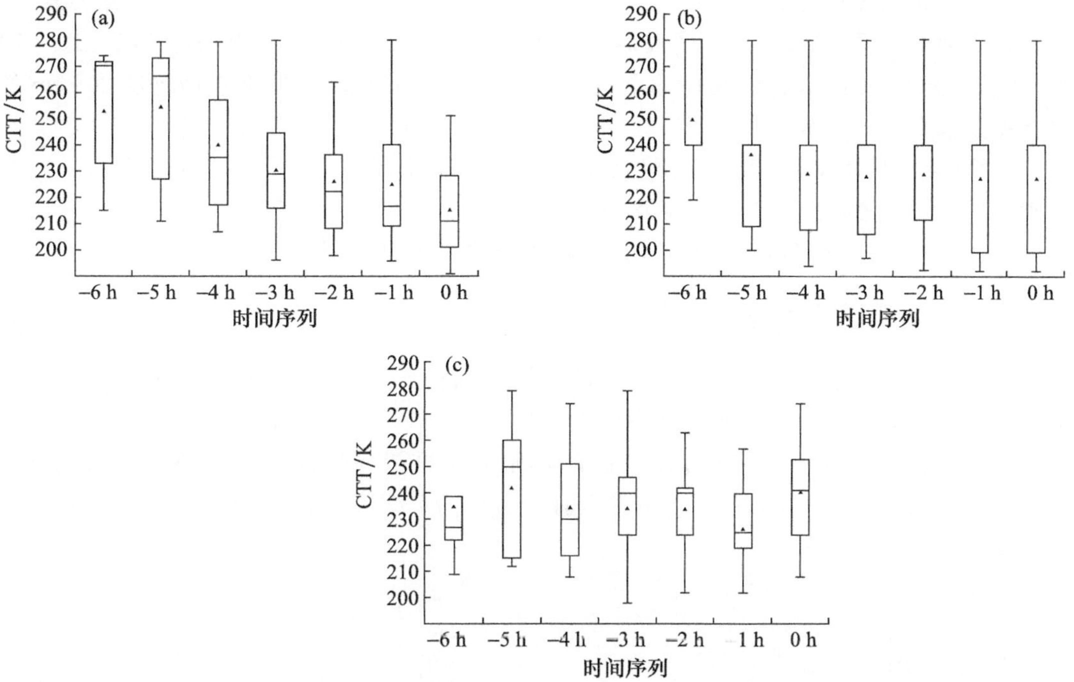

图 10 冰雹发生前 0～6 h 冰雹云 CTT 的箱线图

(a)下降型；(b)无变化型；(c)上升型

对比了各个类型与冰雹直径的关系(图 11a)。从中位数(箱体中横线)和平均值(小三角形)看，可以发现 TBB 下降型冰雹直径中位数为 9 mm，平均数为 11 mm；TBB 上升型冰雹直径中位数为 5.5 mm，平均值为 7.7 mm；TBB 无变化型冰雹直径中位数为 6 mm，平均值为 9.5 mm。CTT 下降型冰雹直径中位数为 8 mm，平均数为 10.4 mm；CTT 上升型冰雹直径中位数为 5 mm，平均数为 8.5 mm；CTT 无变化型冰雹直径中位数为 8 mm，平均值为 9.4 mm。总的来看，对于 3 种类型而言，下降型冰雹直径相对来说最大，其次是无变化型，最后才是上升型。

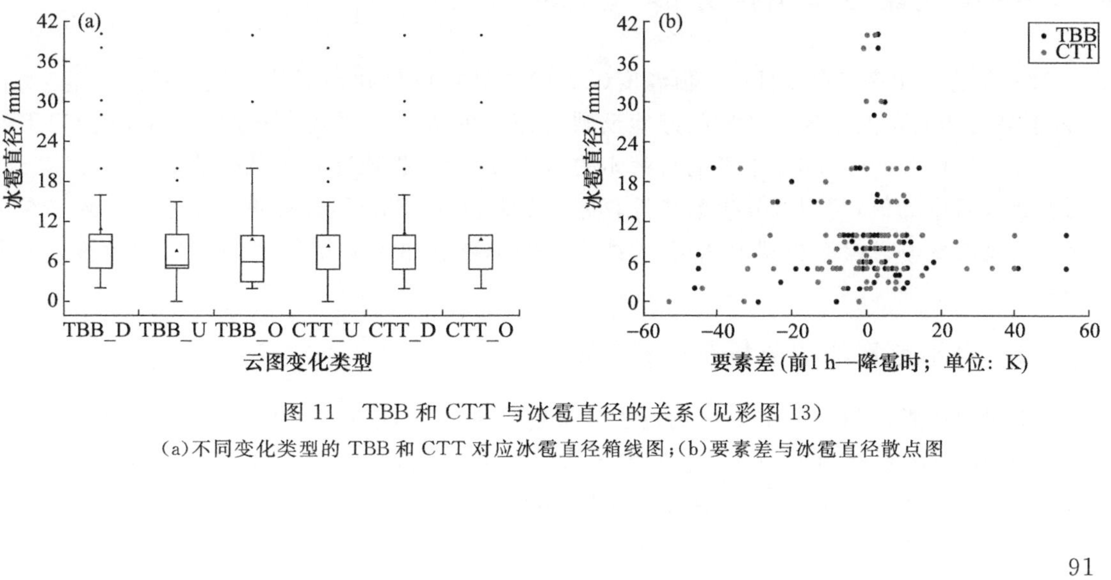

图 11 TBB 和 CTT 与冰雹直径的关系(见彩图 13)

(a)不同变化类型的 TBB 和 CTT 对应冰雹直径箱线图；(b)要素差与冰雹直径散点图

对比了降雹前 1 h 要素(TBB、CTT)与降雹时要素(TBB、CTT)的差值(以下称要素差)和冰雹直径之间的关系(图 11b),发现大部分冰雹都发生在要素差−20～20 K,尤以−10～10 K 居多,降雹时要素差变化超过 20 K 的个例较少,且冰雹直径较小。冰雹直径超过 20 mm 的个例要素差基本在 0～10 K。

上升型(要素差负值)个例比下降型(要素差正值)个例少,且上升型个例冰雹直径基本随着要素差绝对值的变大,冰雹直径减小,即降雹时云团要素(TBB、CTT)上升越快,冰雹直径越小。下降型个例要素差在 0～20 K 时,冰雹直径先减小,后变化不明显。

3.3 卫星云图大冰雹识别指标

利用 113 个降雹点中 13 个大冰雹降雹点的数据得到黔南州大冰雹降雹前 6 h TBB 与 CTT 的箱线图(图 12),由于大冰雹个例较少,故不分上升、下降和无变化型,可以看到大冰雹发生前 CTT 与 TBB 均在前 4 h 时有明显下降,后基本维持,利用箱线图上四分位得到黔南州地区大冰雹的阈值,TBB 降雹前 1 h 与降雹时的值均为 232 K,CTT 降雹前 1 h 与降雹时的值均为 240 K。

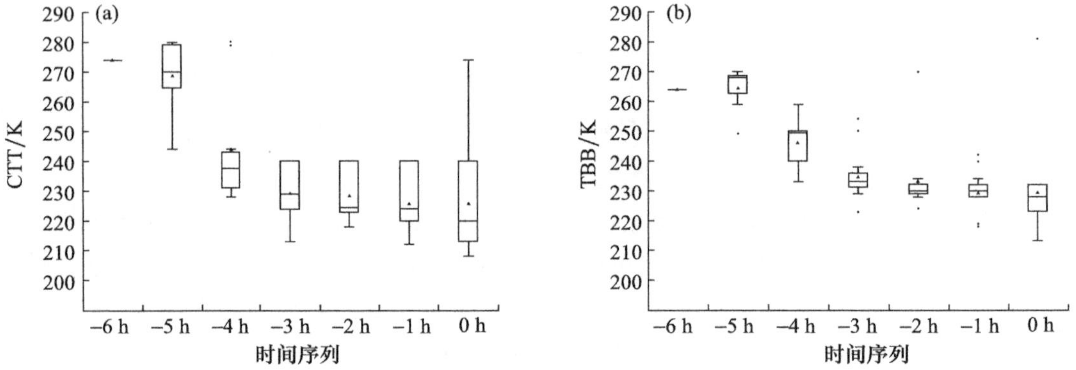

图 12　冰雹直径与 CTT(a)和 TBB(b)关系图

4 FY-4A 气象卫星指标分析

FY-4A 的云顶高度(CTH)、云顶温度(CTT)产品可以反映出对流初生、平移和成熟的特征,云顶高度和云顶温度的变率能很好地反映对流云的成熟和减弱。利用 FY-4A 的 CTT 和 CTH 产品,分析 2020—2022 年影响黔南州的冰雹云特征,提取冰雹云从生成到降雹时刻云顶温度和云顶高度的值,利用百分位数法计算冰雹云监测预警指标,并计算云系中心的云顶温度和云顶高度的变率。绘制小到中冰雹、大冰雹个例降雹点和云系分布图,探寻降雹位置和云系的关系。

4.1 中小冰雹特征分析及预警指标

表 3 给出了黔南州 8 次中小冰雹过程在降雹前对流云团中心 CTH 和 CTT 的值。在降雹前 60 min CTT 最低为−60 ℃,最高为−10 ℃,平均值为−33.1℃,62.5%的冰雹云中心 CTT 低于−33.1℃;而 CTH 的值在 4～16 km,有 50%的冰雹云中心 CTH 超过平均值

10 km。在降雹前 30 min，冰雹云继续发展，云团中心 CTT 继续降低，CTH 增大，到了降雹时刻 CTT 平均值达−52 ℃，CTH 达 13 km。由此可见在降雹前 60 min 到降雹时刻这一时间段 CTT 和 CTH 整体是持续发展的。

表 3　中小冰雹降雹前对流云团中心 CTT 和 CTH

日期	降雹前 60 min		降雹前 30 min		降雹时刻	
	CTT/℃	CTH/km	CTT/℃	CTH/km	CTT/℃	CTH/km
2020-01-06	−10	4	−30	9	−60	12
2020-01-24	−40	9	−50	10	−50	11
2020-02-29	−20	8	−30	9	−40	10
2020-05-09	−15	8	−25	9	−40	12
2020-05-31	−60	16	−60	16	−60	16
2021-05-03	−40	12	−60	16	−60	16
2021-05-12	−40	12	−50	14	−70	16
2022-01-04	−40	11	−40	11	−40	11
平均值	−33	10	−43	11	−52	13

表 4 给出了冰雹云从初生到降雹这一时段的 CTT 和 CTH 的变率，可以看到，75％的冰雹个例 CTT 变率在−10～−20 ℃ · h^{-1}，CTH 变率在 2～4 km · h^{-1} 的范围内，整体平均值为−19.7 ℃ · h^{-1}、3.3 km · h^{-1}。个别冰雹过程变化迅速，例如 2020 年 1 月 6 日的冰雹过程 CTT 和 CTH 变率最快，分别达−50 ℃ · h^{-1}和 8 km · h^{-1}。

表 4　中小冰雹对流云团中心 CTT 和 CTH 变率

日期	CTT 变率/(℃ · h^{-1})	CTH 变率/(km · h^{-1})
2020-01-06	−50.0	8.00
2020-01-24	−10.0	2.00
2020-02-29	−20.0	2.00
2020-05-09	−22.6	3.76
2020-05-31	−17.5	3.00
2021-05-03	−15.0	3.00
2021-05-12	−20.0	4.00
2022-01-04	−2.3	0.69
平均值	−19.7	3.30

利用百分位数法，表 5 给出了黔南州中小冰雹当 CTT、CTH、CTT 变率、CTH 变率 r 取值 80 的预警指标。在降雹前 60 min，CTT≤−40 ℃、CTH≥12 km；在降雹前 30 min，CTT≤−56℃、CTH≥13.2 km；中小冰雹 CTT 变率≥−21.6 ℃ · h^{-1}、CTH 变率≥3.6 km · h^{-1}。

表 5　FY-4A 中小冰雹降雹前 CTT 和 CTH 预警指标

	CTT/℃	CTH/km
降雹前 60 min	≤−40.0	≥12.0
降雹前 30 min	≤−56.0	≥13.2
CTT 变率(℃ · h^{-1})	≥−21.6	
CTH 变率(km · h^{-1})	≥3.6	

4.2 大冰雹特征分析及预警指标

表 6 给出了黔南州 5 次大冰雹过程在降雹前对流云团中心 CTT 和 CTH 的值。在降雹前 60 min CTT 值在−30～−60 ℃,平均值为−48 ℃;CTH 值在 9～14 km,平均值为 13 km,对比中小冰雹的均值来看,大冰雹的 CTT 均值小于中小冰雹,而 CTH 均值要大于中小冰雹,说明在降雹前 60 min 大冰雹的云团中心比中小冰雹要发展得旺盛。对比大冰雹和中小冰雹降雹前 30 min 和降雹时刻的 CTT 和 CTH 来看,大冰雹的 CTH 均大于中小冰雹的 CTH,在降雹前 30 min 大冰雹的 CTT 相较于降雹时刻基本无变化,而中小冰雹的 CTT 到降雹时还会有降低的现象。上述分析表明大冰雹和中小冰雹的 CTT 和 CTH 特征具有明显的差异。

表 6 大冰雹降雹前对流云团中心 CTT 和 CTH

冰雹个例日期	降雹前 60 min		降雹前 30 min		降雹时刻	
	CTT/℃	CTH/km	CTT/℃	CTH/km	CTT/℃	CTH/km
2020-01-06	−50	14	−50	14	−50	14
2020-02-29	−30	9	−40	11	−40	12
2020-03-23	−50	14	−50	14	−50	14
2020-04-18	−50	14	−50	14	−50	14
2022-03-16	−60	14	−60	14	−60	16
平均值	−48	13	−50	13	−50	14

表 7 给出了大冰雹过程冰雹云从初生到降雹这一时段的 CTT 和 CTH 的变率,可以看到,大冰雹 CTT 的平均变率为−6.1 ℃·h^{-1},CTH 的平均变率为 1.27 km·h^{-1},明显小于中小冰雹 CTT 和 CTH 的平均变率。

表 7 大冰雹降雹前对流云团中心 CTT 和 CTH 变率

冰雹个例日期	CTT 变率/(℃·h^{-1})	CTH 变率/(km·h^{-1})
2020-01-06	−5.71	0.91
2020-02-29	−11.10	2.22
2020-03-23	0.00	0.00
2020-04-18	−4.44	1.33
2022-03-16	−9.41	1.88
平均值	−6.10	1.27

利用百分位数法,表 8 给出了黔南州大冰雹当 CTT、CTH、CTT 变率、CTH 变率 r 取值 80 的预警指标。在降雹前 60 min,CTT≤−52 ℃、CTH≥13 km;在降雹前 30 min,CTT≤−54 ℃、CTH≥14 km;大冰雹 CTT 变率≥−8.5 ℃·h^{-1}、CTH 变率≥1.2 km·h^{-1}。

表 8 FY-4A 大冰雹降雹前 CTT 和 CTH 预警指标

大冰雹	CTT/℃	CTH/km
降雹前 60 min	≤−52.0	≥13
降雹前 30 min	≤−54.0	≥14
CTT 变率/℃·h^{-1}	≥−8.5	
CTH 变率/km·h^{-1}	≥1.2	

4.3 冰雹云与降雹点空间分布

分别画出中小冰雹(图 13)和大冰雹(图 14)在降雹时刻云图和降雹点的位置，由图可知，大冰雹和中小冰雹云团的形态分布均呈西南—东北走向，大部分个例降雹点位于迎风面梯度大值区，其次是在云团冷中心附近。

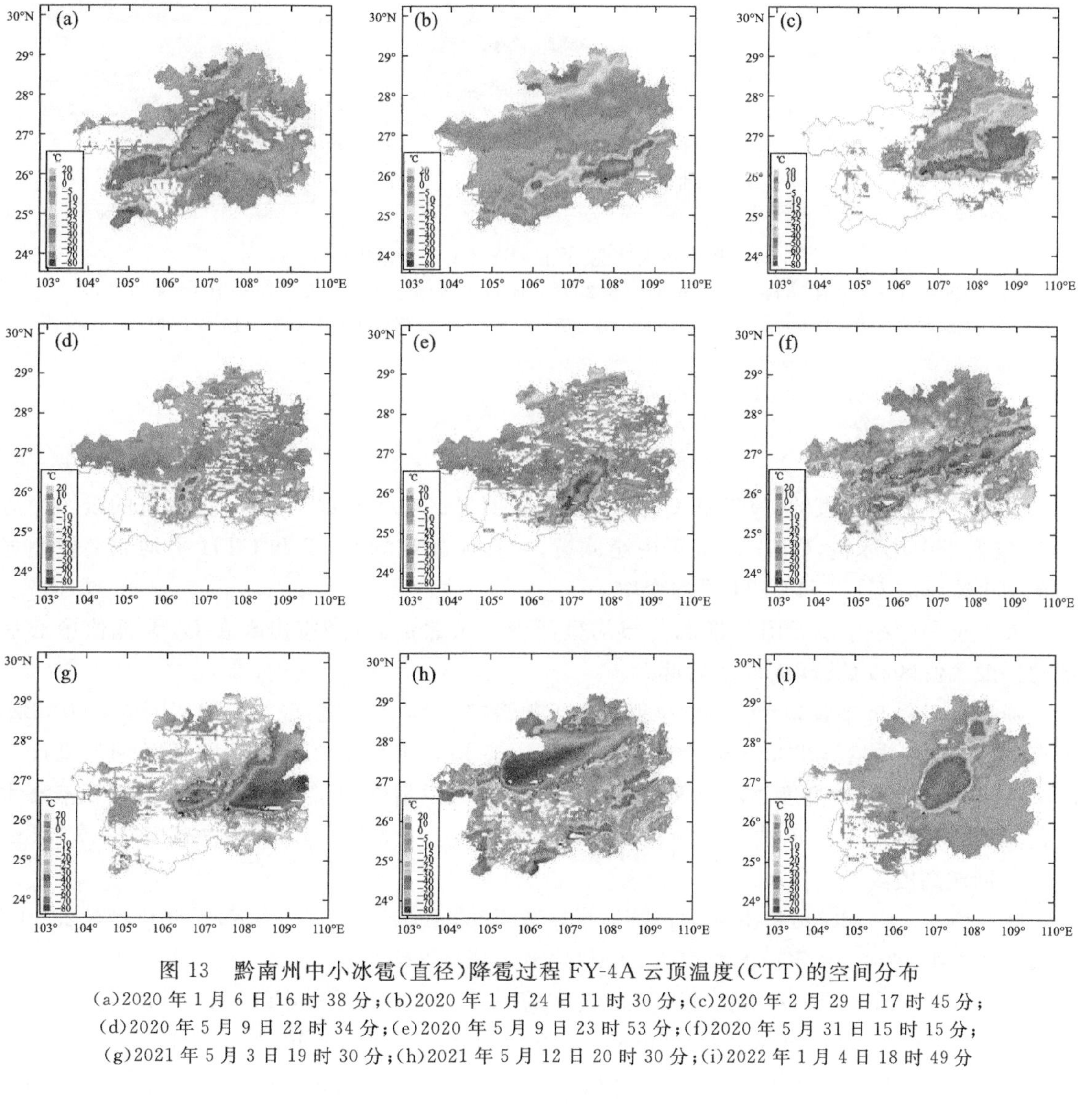

图 13 黔南州中小冰雹(直径)降雹过程 FY-4A 云顶温度(CTT)的空间分布

(a)2020 年 1 月 6 日 16 时 38 分；(b)2020 年 1 月 24 日 11 时 30 分；(c)2020 年 2 月 29 日 17 时 45 分；(d)2020 年 5 月 9 日 22 时 34 分；(e)2020 年 5 月 9 日 23 时 53 分；(f)2020 年 5 月 31 日 15 时 15 分；(g)2021 年 5 月 3 日 19 时 30 分；(h)2021 年 5 月 12 日 20 时 30 分；(i)2022 年 1 月 4 日 18 时 49 分

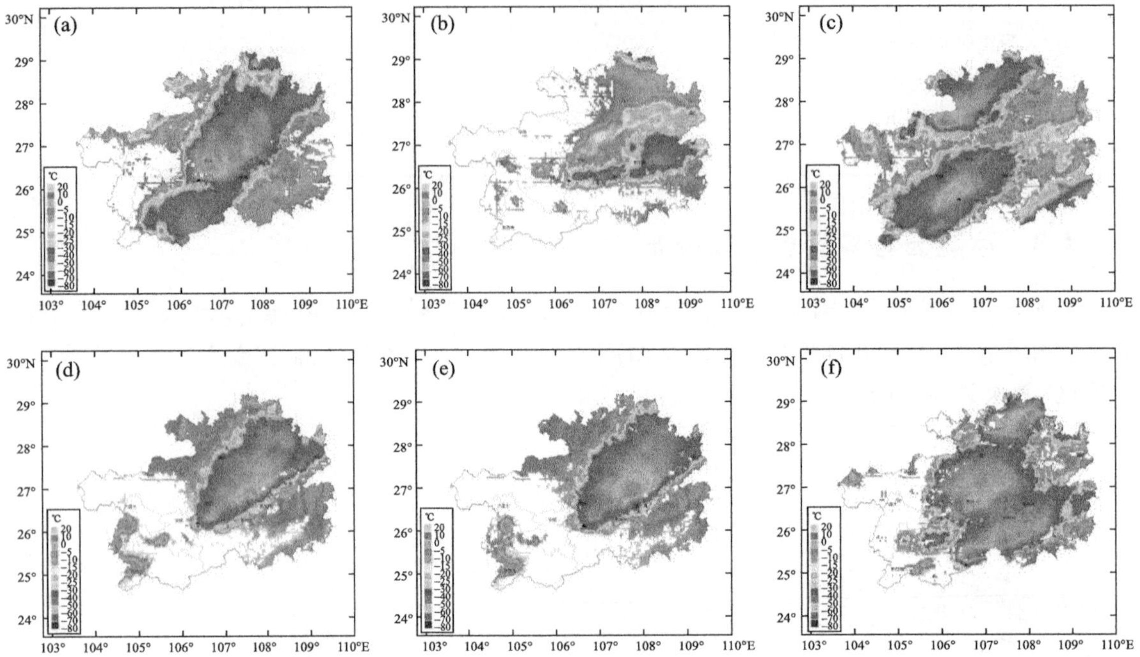

图 14　黔南州大冰雹(直径)FY-4A 云顶温度(CTT)

(a)2020 年 1 月 6 日 18 时 49 分;(b)2020 年 2 月 29 日 17 时 30 分;(c)2020 年 3 月 23 日 18 时 49 分;(d)2020 年 4 月 18 日 17 时 30 分;(e)2020 年 4 月 18 日 17 时 49 分;(f)2022 年 3 月 16 日 18 时 45 分

5　结论与讨论

大冰雹和中小冰雹的 CTT 和 CTH 特征差异明显。在降雹前 60 min 大冰雹的云团中心 CTT 值低于中小冰雹,CTH 值大于中小冰雹,并且大冰雹的 CTT 和 CTH 平均变率要明显小于中小冰雹的 CTT 和 CTH 平均变率。

大冰雹和中小冰雹云团的形态分布均呈西南—东北走向,降雹出现在 CTT 低值中心后部的梯度大值区和 CTH 大值区后部。

降雹前 42 min 多普勒天气雷达反射率因子预警指标为,大冰雹:最大反射率因子≥60 dBZ,垂直累积液态水含量≥25 kg·m^{-2},回波顶高≥10.5 km,冰水比值≥1.5,45 dBZ 回波高度≥7.85 km,55 dBZ 回波高度≥7.05 km。中小冰雹:最大反射率因子≥50 dBZ,垂直累积液态水含量≥18.75 kg·m^{-2},回波顶高≥9.2 km,冰水比值≥1.39,45 dBZ 回波高度≥5.93 km,55 dBZ回波高度≥5.15 km。

降雹前 1 h FY-2G 预警指标为,TBB:上升型≤239 K,下降型≤241 K,无变化型≤232 K。CTT3 种类型均为≤240 K。大冰雹:CTT≤240 K,TBB≤232 K。

降雹前 60 min FY-4A 预警指标为,大冰雹:CTT≤−52 ℃、CTH≥13 km、CTT 变率≥−8.5 ℃·h^{-1}、CTH 变率≥1.2 km·h^{-1};中小冰雹:CTT≤−40 ℃、CTH≥12 km、CTT 变率≥−21.6 ℃·h^{-1}、CTH 变率≥3.6 km·h^{-1}。降雹前 30 min FY-4A 预警指标,大冰雹:

CTT≤-54 ℃、CTH≥14 km、CTT 变率≥-8.5 ℃·h^{-1}、CTH 变率≥1.2 km·h^{-1}；中小冰雹：CTT≤-56 ℃、CTH≥13.2 km、CTT 变率≥-21.6 ℃·h^{-1}、CTH 变率≥3.6 km·h^{-1}。

参考文献

[1] 刘帆，高萌，王瑾婷，等．关中北部冰雹天气环境参量及雷达特征预警指标[J]. 中国农学通报，2023，39(11)：98-107.

[2] 俞小鼎．强对流天气的多普勒天气雷达探测和预警[J]. 气象科技进展，2011，1(3)：31-41.

[3] 吴剑坤，俞小鼎．强冰雹天气的多普勒天气雷达探测与预警技术综述[J]. 干旱气象，2009，27(3)：197-206.

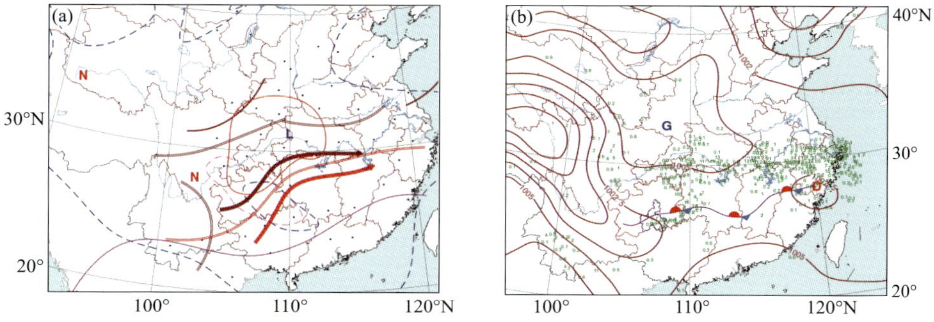

彩图 1　2021 年 6 月 19 日 08 时中分析图(a)和地面图(b)(17 页)

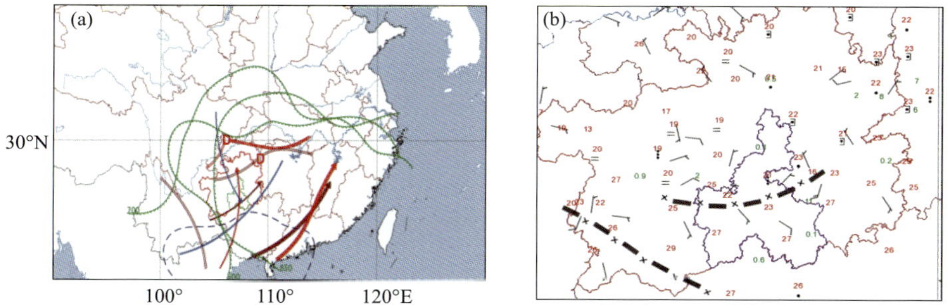

彩图 2　2022 年 6 月 18 日 20 时中分析图(a)和地面图(b)(18 页)

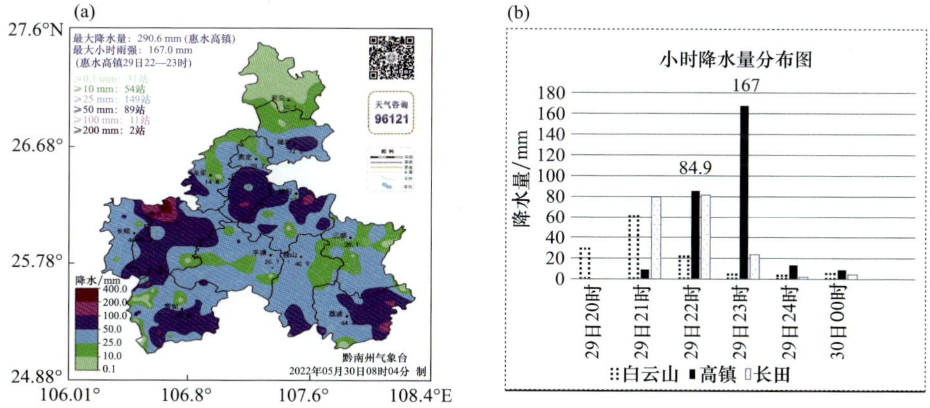

彩图 3　2022 年 5 月 29 日 08 时—30 日 08 时降水量(a)和小时降水量(b)分布图(22 页)

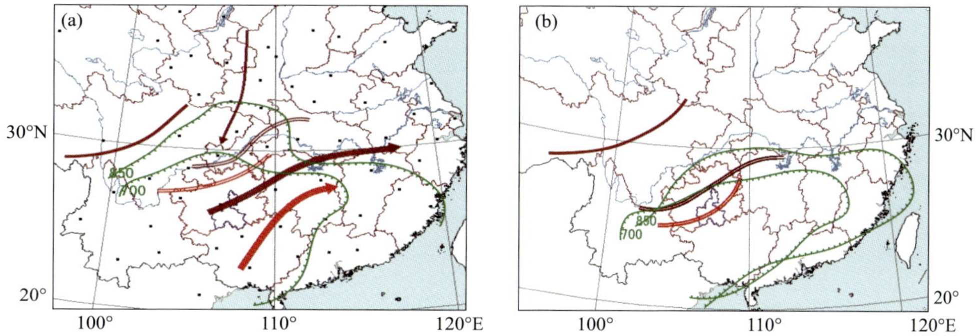

彩图 4　2022 年 5 月 29 日 08 时(a)和 20 时(b)中分析天气系统配置图(23 页)

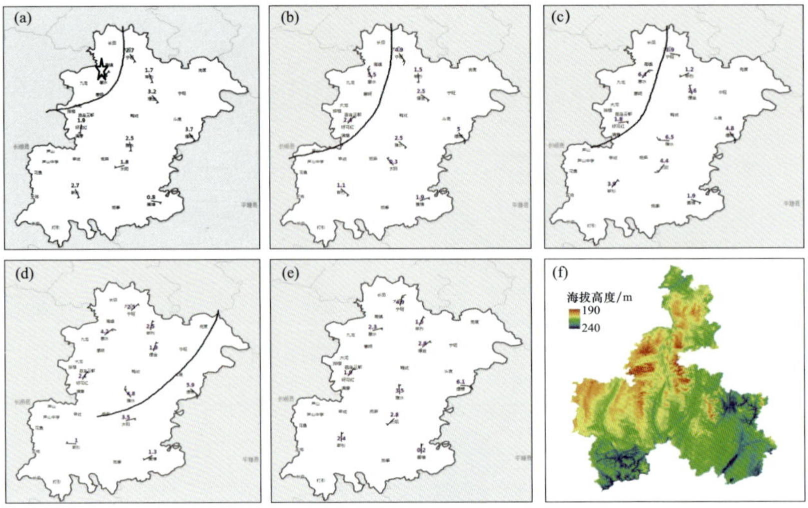

彩图 5　2022 年 5 月 29 日惠水县风场(风向:风羽;风速:数字,单位:m·s^{-1})演变图(☆ 为特大暴雨区域)(26 页)

(a)19 时 40 分;(b)21 时;(c)22 时 30 分;(d)23 时;(e)23 时 20 分;(f)黔南州地形图

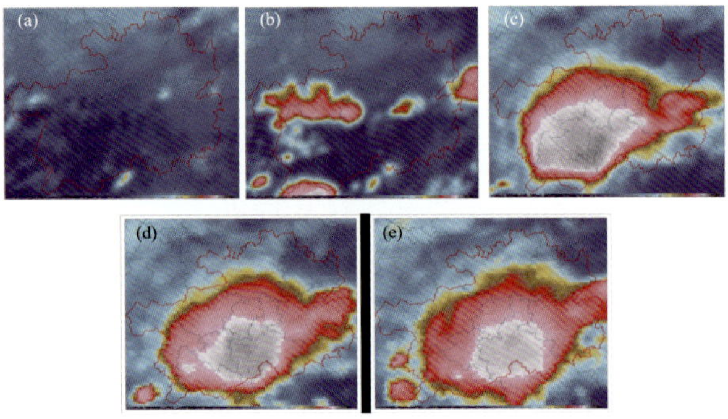

彩图 6　2022 年 5 月 29 日 FY-2E 红外云图 TBB(填色,单位:K)演变(27 页)

(a)14 时 30 分;(b)17 时 00 分;(c)22 时 00 分;(d)23 时 00 分;(e)00 时 00 分

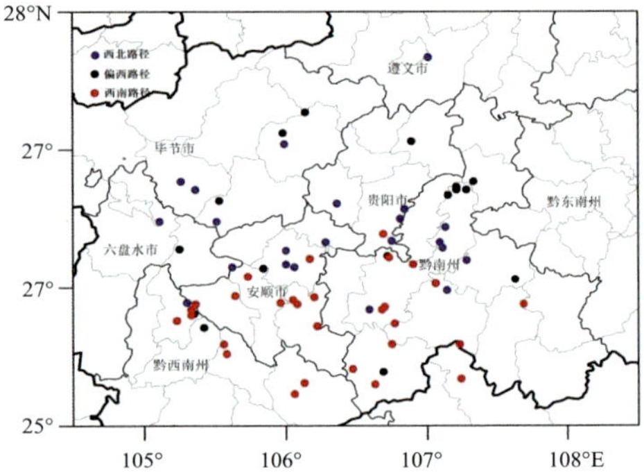

彩图 7　黔南州冰雹云源地分布图(44 页)

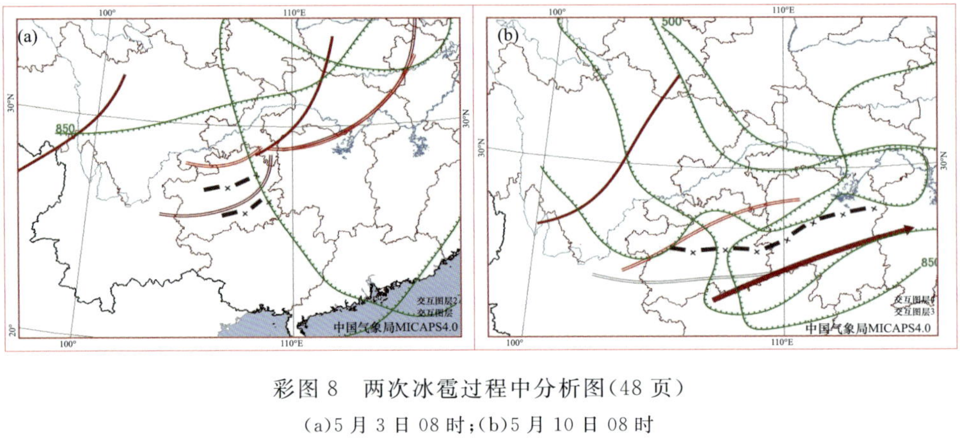

彩图 8　两次冰雹过程中分析图(48 页)

(a)5 月 3 日 08 时;(b)5 月 10 日 08 时

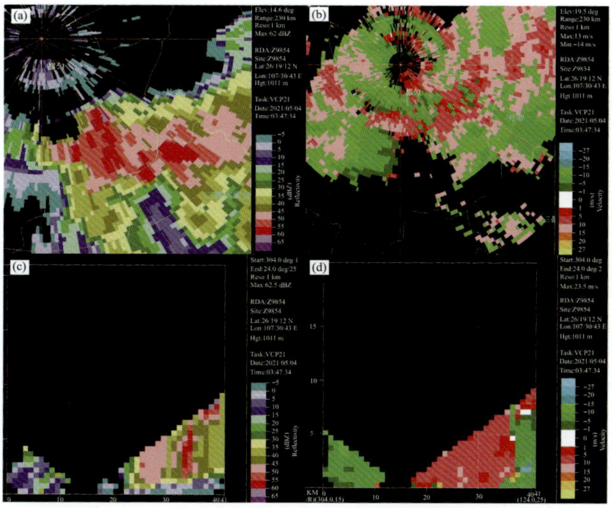

彩图 9　5 月 3 日 19 时 47 分都匀雷达产品(49 页)

(a)1.5°仰角基本反射率因子;(b)6°仰角基本径向速度;(c)基本反射率因子垂直剖面;(d)基本径向速度垂直剖面

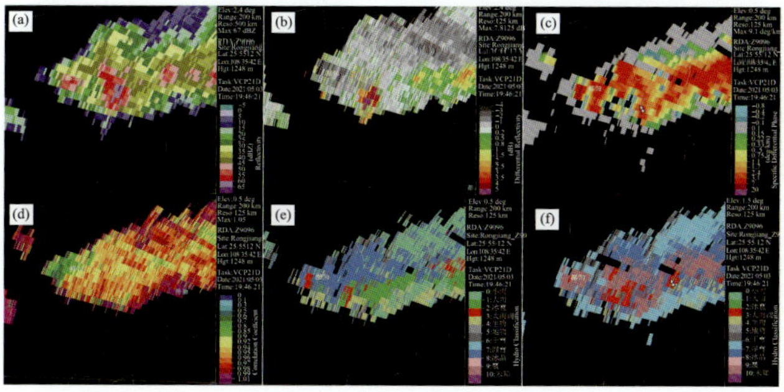

彩图 10　5 月 3 日 19 时 46 分榕江雷达(50 页)

(a)2.4°仰角基本反射率因子;(b)2.4°仰角差分反射率因子;(c)0.5°仰角差分相移率;
(d)0.5°仰角相关系数;(e)0.5°仰角粒子分类;(f)1.5°仰角粒子分类

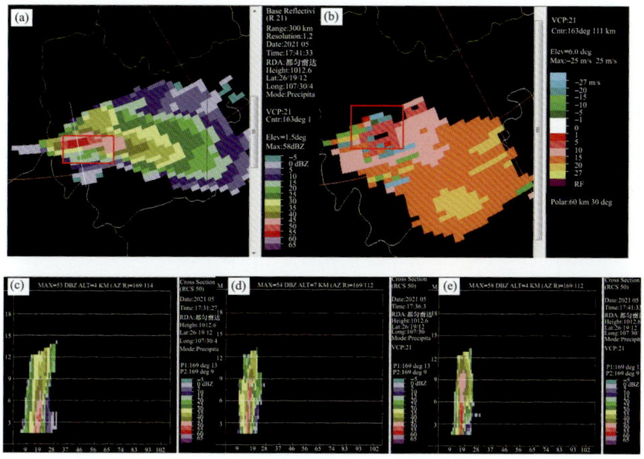

彩图 11　5 月 10 日 17 时 41 分都匀雷达(51 页)

(a)1.5°仰角基本反射率因子;(b)6°仰角基本径向速度;(c)17 时 31 分反射率因子剖面图;
(d)17 时 36 分反射率因子剖面图;(e)17 时 41 分反射率因子剖面图

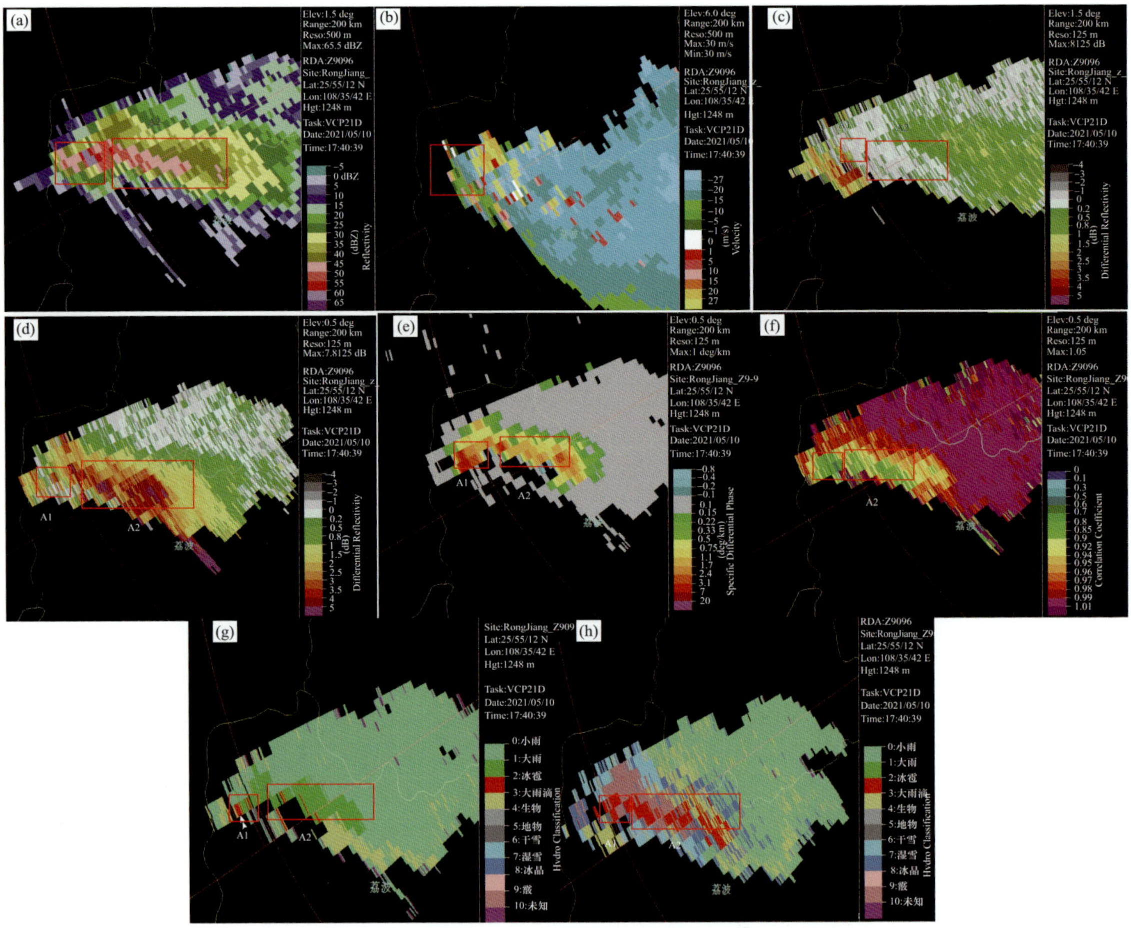

彩图 12　5 月 10 日 17 时 40 分榕江雷达(53 页)

(a)1.5°仰角基本反射率因子;(b)6°仰角基本径向速度;(c)1.5°仰角差分反射率因子;

(d)0.5°仰角差分反射率因子;(e)0.5°仰角差分相移率;(f)0.5°仰角相关系数;

(g)0.5°仰角粒子分类;(h)1.5°仰角粒子分类

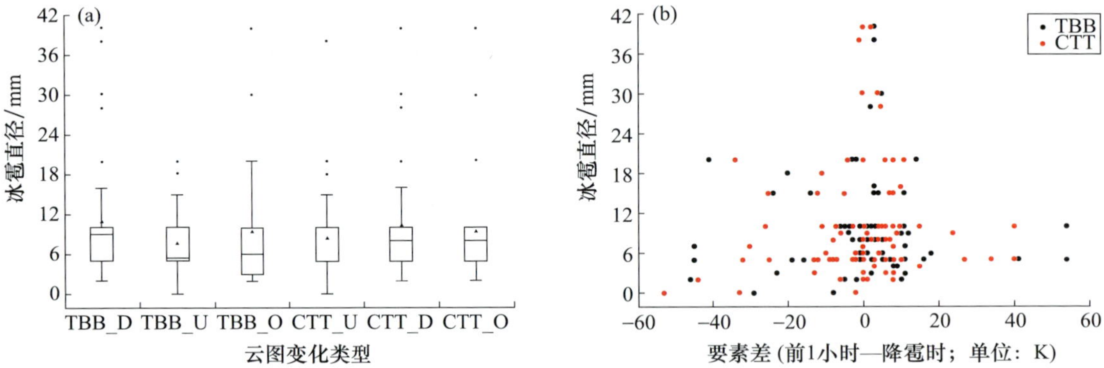

彩图 13　TBB 和 CTT 与冰雹直径的关系(91 页)

(a)不同变化类型的 TBB 和 CTT 对应冰雹直径箱线图;(b)要素差与冰雹直径散点图